AF665341

ULRICH BEHRENS
MANFRED RINGPFEIL
Mikrobielle Polysaccharide

ROLF BORSDORF
MANFRED SCHOLZ
Spektroskopische Methoden in der organischen Chemie

HANS DAWCZYNSKI
Temperaturbeständige Faserstoffe aus organischen Polymeren

HANS DAWCZYNSKI
Temperaturbeständige Faserstoffe aus anorganischen Polymeren

WERNER DÖPKE
Stereochemie organischer Verbindungen

MARTIN FINKE / WALTER LEIPNITZ
Moderne Methoden der Erdölanalyse

ERICH GUNDERMANN
Chemie und Technologie des Braunkohlenteers

WERNER HABERDITZL
Magnetochemie

SIEGFRIED HAUPTMANN
Über den Ablauf organisch-chemischer Reaktionen

HORST KEHLEN / FRANK KUSCHEL
HORST SACKMANN
Grundlagen der chemischen Kinetik

GERHARD KEMPTER
Struktur und Synthese von Vitaminen

PETER KRUMBIEGEL
Isotopieeffekte

KLAUS KÜHNE
Werkstoff Glas

DIETER MERKEL
Riechstoffe

DIETER ONKEN
Steroide

BURKART PHILIPP
GERHARD REINISCH
Grundlagen der makromolekularen Chemie

JOACHIM RIEMER
Quantitative organische Mikroanalyse

ROLF SCHÖLLNER
Die Oxydation organischer Verbindungen mit Sauerstoff

WOLFGANG WAGNER
Chemische Thermodynamik

GÜNTHER WAGNER
HANS KÜHMSTEDT
Pharmazeutische Chemie

Reihe MATHEMATIK/PHYSIK

HANS BANDEMER
ANDREAS BELLMANN
WOLFHART JUNG / KLAUS RICHTER
Optimale Versuchsplanung

FRANK BEICHELT
Prophylaktische Erneuerung von Systemen

DIETRICH BENDER
ERNST-EGON PIPPIG
Einheiten, Maßsysteme, SI

WOLFRAM BRAUER
HANS-WALDEMAR STREITWOLF
Theoretische Grundlagen der Halbleiterphysik

SIEGFRIED BREHMER
Einführung in die Maßtheorie

FERDINAND CAP
Einführung in die Plasmaphysik
I. Theoretische Grundlagen
II. Wellen und Instabilitäten
III. Magnetohydrodynamik

JOHN CUNNINGHAM
Vektoren

GEORG DAUTCOURT
Relativistische Astrophysik

K. CH. DELOKAROV
Relativitätstheorie und Materialismus

ALBERT EINSTEIN
Grundzüge der Relativitätstheorie

ALBERT EINSTEIN
Über die spezielle und die allgemeine Relativitätstheorie

HANNELORE FISCHER
JOACHIM PIEHLER
Modellsysteme der Operationsforschung

ALFRED FRIESER
Mikrowellenmeßtechnik

HERBERT GOERING
Elementare Methoden zur Lösung von Differentialgleichungsproblemen

MICHAEL GÖSSEL
Angewandte Automatentheorie
Band I und II

MICHAEL GÖSSEL
Wahrscheinlichkeitsautomaten und Zufallsfolgen

E. G. GOLSTEIN
Konvexe Optimierung

HELMUT HESS
Der elektrische Durchschlag in Gasen

WILHELM KÄMMERER
Kybernetik — eine Einführung auf naturwissenschaftlicher Grundlage

ULRICH KAUSMANN
KLAUS LOMMATZSCH
FRANTIŠEK NOŽIČKA
Lineare parametrische Optimierung

VOLKER KEMPE
Theorie stochastischer Systeme

VOLKER KEMPE
Analyse stochastischer Systeme
Teil I

A. R. KESSEL
Akustische Kernresonanz

HEINRICH KINDLER
Der Regelkreis

DIETER KLAUA
Elementare Axiome der Mengenlehre
Einführung in die
Allgemeine Mengenlehre I

DIETER KLAUA
Grundbegriffe der axiomatischen Mengenlehre
Teil 1 und 2
Einführung in die
Allgemeine Mengenlehre II

DIETER KLAUA
Kardinal- und Ordinalzahlen
Teil 1 und 2
Einführung in die
Allgemeine Mengenlehre III

DIETER KÖNIG / DIETRICH STOYAN
Methoden der Bedienungstheorie

KONRAD KREHER
Festkörperphysik

JEAN KUNTZMANN
Unendliche Reihen

JEAN KUNTZMANN
Systeme von Differentialgleichungen

JEAN KUNTZMANN
Komplexe Veränderliche

WOLFGANG MEILING
Kernphysikalische Elektronik

PETER PAUFLER / DIETER LEUSCHNER
Kristallographische Grundbegriffe der Festkörperphysik

HARRY PAUL
Lasertheorie
Teil I und II

HARRY PAUL
Nichtlineare Optik
Teil I und II

WOLFGANG PAULI
Vierpoltheorie und ihre Anwendung auf elektronische Schaltungen

HARRY PFEIFER
Theorie linearer Bauelemente
Elektronik für den Physiker I

HARRY PFEIFER
Die Elektronenröhre
Elektronik für den Physiker II

HARRY PFEIFER
Schaltungen mit Elektronenröhren
Elektronik für den Physiker III

HARRY PFEIFER
Leitungen und Antennen
Elektronik für den Physiker IV

HARRY PFEIFER
Mikrowellenelektronik
Elektronik für den Physiker V

HARRY PFEIFER
Halbleiterelektronik
Elektronik für den Physiker VI

HARRY PFEIFER / W. HEINK
Schaltungen mit Transistoren
Elektronik für den Physiker VII

ULRICH RÖSEBERG
Determinismus und Physik

J. A. ROSANOW
Wahrscheinlichkeitstheorie

WOLFGANG SCHÄFER
Theoretische Grundlagen der Stabilität technischer Systeme

ERNST SCHMUTZER
Symmetrien und Erhaltungssätze der Physik

I. S. SHELUDEW
Elektrische Kristalle

N. D. SHEWANDROW
Die Polarisation des Lichtes

L. A. SKORNJAKOW
Elemente der Verbandstheorie

A. A. SMIRNOW
Metallphysik

A. S. SONIN / B. A. STRUKOW
Einführung in die Ferroelektrizität

HANS-JÜRGEN TREDER
Elementare Kosmologie

J. F. VINSON
Optische Kohärenz in der klassischen Theorie und in der Quantentheorie

TEXTE UND STUDIEN

D. M. BRINK
Kernkräfte

STEPHEN G. BRUSH
Kinetische Theorie
Teil I und II

Festkörperphysik
Entwicklungstendenzen und Anwendungsmöglichkeiten

D. TER HAAR
Quantentheorie

W. R. Hindmarsh
Atomspektren

J. H. Sanders
Die Lichtgeschwindigkeit

Gustav E. R. Schulze
Beiträge zur Entwicklung der Metallphysik

R. A. R. Tricker
Die Beiträge von Faraday und Maxwell zur Elektrodynamik

R. A. R. Tricker
Frühe Elektrodynamik

Vorschau auf die nächsten Bände:

Herbert Goering
Asymptotische Methoden zur Lösung von Differentialgleichungen

V. I. Karpman
Nichtlineare Wellen in dispersiven Medien

Dieter Kress
Theoretische Grundlagen der Signal- und Informationsübertragung

Dierck-Ekkehard Liebscher
Relativitätstheorie mit Zirkel und Lineal

Dieter Spaar
Hans-Joachim Müller
Helmut Kleinhempel
Klaus Naumann
Bakteriosen der Kulturpflanzen

WTB

BAND 180

W. L. Ginsburg

Über Physik und Astrophysik

Ausgewählte fundamentale Probleme

AKADEMIE-VERLAG · BERLIN

Reihe MATHEMATIK UND PHYSIK

Herausgeber:
Prof. Dr. phil. habil. W. Holzmüller, Leipzig
Prof. Dr. phil. habil. A. Lösche, Leipzig
Prof. Dr. phil. habil. H. Reichardt, Berlin
Prof. Dr. phil. habil. K. Schröder, Berlin
Prof. Dr. phil. habil. K. Schröter, Berlin
Prof. Dr. rer. nat. habil. H.-J. Treder, Potsdam

Übersetzung aus dem Russischen:
Dr. R. Fischer, Dr. A. Wünsche
Zentralinstitut für Optik und Spektroskopie der AdW der DDR, Berlin

Bearbeitung der deutschen Ausgabe:
Prof. Dr. K. Junge
Zentralinstitut für Optik und Spektroskopie der AdW der DDR, Berlin

Titel der Originalausgabe:
В. Л. Гинзбург
О Физике и астрофизике
Какие проблемы представляются сейчас особенно
важными и интересными?
Zweite, bearbeitete Auflage
© Verlag Наука, Moskau, 1974

1977
Erschienen im Akademie-Verlag, 108 Berlin, Leipziger Straße 3—4
© der deutschen Ausgabe Akademie-Verlag, Berlin, 1977
Lizenznummer: 202 · 100/444/77
Herstellung: VEB Druckhaus „Maxim Gorki", 74 Altenburg
Bestellnummer: 762 301 0 (7180) · LSV 1114
Printed in GDR
DDR 8,— M

Vorwort zur deutschen Ausgabe

Es gibt nur wenig Literatur zu grundlegenden, besonders wichtigen und interessanten, kurz fundamentalen, Problemen der Physik. So erscheint es ratsam, dieses Büchlein in deutscher Sprache herauszugeben.

Wie der Autor ausführlich darlegt, kann man über den Inhalt eines Buches mit diesem Anspruch durchaus verschiedener Meinung sein, zumal es keine weltweit anerkannte eindeutige Definition des Begriffs „fundamental" gibt.

Nehmen wir die in der Klasse Physik der Akademie der Wissenschaften der DDR diskutierte Dreiteilung als Grundlage:[1])

- wichtig für die Volkswirtschaft,
- wichtig für andere wissenschaftliche Disziplinen und
- wichtig für die Physik, weil nicht weiter reduzierbar auf Bekanntes,

so umfaßt die Auswahl am ehesten den letzteren Aspekt; zugleich wird die Verknüpfung etwa zum ersten Aspekt bei dem Problem Energieversorgung in der Zukunft deutlich.

Bei der Übersetzung und Bearbeitung haben wir uns bemüht, den Stil des Autors und seine wesentliche Zielstellung, seine Meinung dem Leser wohl zu begründen, jedoch nicht aufzudrängen, zu erhalten. Dabei wurden einige Ergänzungen des Autors eingearbeitet.

K. JUNGE

Dezember 1976

---

[1]) Vgl. z. B. R. ROMPE, K. WERNER, Spektrum **12**, 6 (1972).

Inhaltsverzeichnis

Vorwort

Während der letzten Jahrzehnte hat sich die Physik stark entfaltet und verzweigt. Dieser Prozeß fand seinen Niederschlag in Bezeichnungen wie Astrophysik, Biophysik, Geophysik, Radiophysik, Chemische Physik, Kristallphysik, Metallphysik und ähnlichen. Nichtsdestoweniger führte diese Differenzierung nicht (oder richtiger: noch nicht) zum Verlust der bekannten Einheit der Physik — gemeint ist die Einheit des Fundaments, die Gemeinsamkeit vieler Prinzipien und Methoden und auch das Vorhandensein einer Kopplung zwischen den verschiedenen Zweigen und Richtungen. Die Verzweigung und die Spezialisierung erschweren zugleich die Möglichkeit, das Gebäude der Physik insgesamt zu sehen, und führen zu einer gewissen Isolierung. In bestimmten Grenzen ist dies wohl unumgänglich; aber durchaus gerechtfertigt ist auch das Bemühen, die Folgen zu neutralisieren. Besonders wichtig ist dies für junge Physiker, in erster Linie für Studenten. Die Erfahrung zeigt, daß selbst den besten Absolventen der physikalischen (oder ihnen verwandten) Fakultäten unserer Hochschulen eine Breite fehlt, daß sie nicht wissen, was zur Zeit in der Physik allgemein gemacht wird und nicht nur in einem mehr oder weniger engen Gebiet. Gewiß, die Breite der Ansichten oder zumindest die Vielseitigkeit der Kenntnisse ist nicht auf einmal zu erreichen, und bei weitem nicht alles kann in den Studentenjahren getan werden. Aber die Disproportion überrascht buchstäblich.

Nehmen wir an, ein Mensch kennt die modernen Methoden der Quantenfeldtheorie und der Quantenstatistik, aber er hat keine Vorstellung vom Mechanismus der Supraleitfähigkeit und von der Natur der Seignette-elektrizität, er hat nichts von Exzitonen und metallischem Wasserstoff gehört, er ist nicht mit modernen Problemen, die verbunden sind mit Neutronensternen, „schwarzen Löchern", Gravitationswellen, kosmischen und Gammastrahlen, Neutrinoastronomie usw., in Berührung gekommen. Ich bin überzeugt davon, daß es sich hierbei keineswegs um die Begrenztheit der menschlichen Möglichkeiten oder um Mangel an Zeit handelt. Um allgemeinphysikalische Vorstellungen zu gewinnen, „ohne Formeln" (oder jedenfalls nur unter Verwendung einfachster Formeln und qualitativer Überlegungen) alle aufgezählten oder ähnliche Fragen kennenzulernen, benötigt der Student wahrscheinlich eher weniger Zeit als zur Vorbereitung auf nur ein ernsthaftes Examen. Die Schwierigkeit besteht in etwas anderem: Der Student weiß nicht, was er kennenlernen soll und wie das zu machen ist. Es reicht nicht aus, daß einzelne Fragen in einem der zahlreichen Lehrpläne oder Bücher erscheinen. Überdies fanden viele Probleme, die heute auf physikalischen Konferenzen oder in der physikalischen Originalliteratur im Zentrum der Aufmerksamkeit stehen, noch keinen Eingang in Lehrbücher und Lehrpläne.

Es ist wohl kaum notwendig, diese Bemerkungen weiterzuführen. Die Resultate sind hinreichend klar. Wenn man sich nur auf gute Wünsche oder Forderungen beschränkt und häufig die Lehrpläne überarbeitet, wird das notwendige Ergebnis doch nicht erreicht. Das Vernünftigste ist anscheinend, systematisch und nach rechtzeitig mitgeteiltem Plan zusätzliche Vorlesungen (8—10 pro Jahr) zu halten, die in keine offizielle Vorlesungsreihe gehören. Jede Vorlesung muß ein Spezialist des entsprechenden Gebietes lesen. Themen der Vorlesungen sind natürlich nicht Lehrbuchmaterial, jede Lektion muß verständlich sein, aber einen modernen Überblick über ein bestimmtes Gebiet oder Problem geben.

Ein solcher Vorlesungszyklus wurde am Lehrstuhl für Probleme der Physik und Astrophysik des Moskauer

Physikalisch-Technischen Instituts organisiert. Dieser Zyklus erfordert jedoch eine allgemeine Einführung, er muß eine bestimmte „Ansicht" vorwegnehmen, er ist wohl oder übel fragmentarisch, eine flüchtige Aufzählung vieler Probleme, er ist der Versuch, die moderne physikalische Problematik insgesamt zu beleuchten. Diese Aufgabe ist sehr schwierig und wohl auch undankbar, weil ihre Lösung kaum erfolgversprechend erscheint, und kann deshalb auch kein Gefühl der Befriedigung bringen. Aus diesem oder ähnlichen Gründen werden entsprechende Vorlesungen gewöhnlich nicht gehalten. Mir erscheint jedoch eine solche Vorlesung für den Erfolg des gesamten Zyklus unbedingt erforderlich, und deshalb war ich gezwungen, sie vorzubereiten. Gehalten wurde diese Vorlesung dann mehrmals vor verschiedenen Auditorien. Und die Reaktion der Zuhörer zeigte zweifellos, daß ähnliche Vorlesungen notwendig sind und nicht nur bei Studenten Interesse hervorrufen. Auf der Grundlage dieser Vorlesung wurde auch der Artikel „Welche Probleme der Physik und Astrophysik sind zur Zeit besonders wichtig und interessant?" geschrieben, der in der Rubrik „Physik unserer Tage" in der Zeitschrift „Успехи физических наук" (УФН **103**, 87 (1971)) veröffentlicht, anschließend in einige Sprachen übersetzt und mit Ergänzungen als Broschüre im Verlag „Знание" gedruckt wurde. Dieses Büchlein ist die Weiterführung dieses Artikels, wobei es neben einigen Änderungen eine Reihe weiterer Abschnitte enthält. Die Änderungen sind speziell durch neue Daten bedingt. Es gibt keinen Grund, hier näher auf den Inhalt des Buches einzugehen: Eine Vorstellung davon kann man aus der Einleitung und der Gliederung erhalten.

Warum jedoch wird einem so kleinen Buch ein so langes Vorwort vorangestellt? Es geschieht, weil sein Inhalt, sein Charakter und sein Stil scheinbar etwas ungewöhnlich sind und jedenfalls nicht für sich selbst sprechen.

So ist es auch wünschenswert, die Beziehung einer möglichst großen Zahl von Lesern zu diesem Büchlein zu erfahren. Deshalb wäre der Autor besonders für Briefe, die kritische Bemerkungen, Wünsche und die allgemeine Meinung über das Buch enthalten, dankbar. Er ist allen verbunden, deren Rat bei der Vorbereitung des Manuskriptes verwendet werden konnte.

W. L. Ginsburg

Im Jahr 1973

Einleitung

Physiker und Astrophysiker beschäftigen sich zur Zeit mit einer ungeheuer großen Anzahl verschiedener Fragen. In der überwiegenden Zahl der Fälle handelt es sich um vernünftige Aufgaben, um Versuche, wenn auch nicht die Rätsel der Natur zu lösen, so doch irgendetwas Neues zu erfahren. Es ist bei vielen dieser Fragen schwierig zu sagen, daß sie nicht interessant oder nicht wichtig sind. Ja, es ist überhaupt nicht leicht, konsequent zu definieren, was in der Wissenschaft „nicht wichtig" und (oder) „nicht interessant" ist. Faktisch existiert zweifellos eine Hierarchie von Problemen und Aufgaben. Diese wirkt sich auf die Praxis aus und schlägt sich im gesamten wissenschaftlichen Leben (und manchmal nicht nur in diesem) nieder. Nicht selten erfolgt die Auswahl eines „besonders wichtigen physikalischen Problems" auf Grund seines potentiellen technischen oder ökonomischen Effektes, häufig ist sie verbunden mit einer besonderen Rätselhaftigkeit der Frage oder mit ihrem fundamentalen Charakter, aber ein anderes Mal ist sie Tribut an die Mode oder ergibt sich unter dem Einfluß unverständlicher oder zufälliger Faktoren (Fragen, die diese Kategorie betreffen, werden wir natürlich nicht diskutieren).

Eine Zusammenstellung „wichtiger Probleme" mit Kommentaren dazu ist schon mehrmals vorgenommen worden. In diesen Fällen werden häufig Sitzungen einberufen oder spezielle Kommissionen gebildet, die tagen und umfangreiche Dokumente zusammenstellen. Ohne zu verallgemeinern, kann ich feststellen: Ich konnte nicht bemerken, daß diese Notizen über die wichtigsten

Probleme mit großem Interesse gelesen wurden. Anscheinend sind sie für Spezialisten nicht besonders wichtig, und für Vertreter eines breiteren „Publikums“ sind sie nicht anziehend (eine andere Frage ist, daß sich solche Dokumente bei der Lösung von Fragen der Organisation der Wissenschaft und ihrer Finanzierung als notwendig erweisen können).

Aber können sich indessen nicht werdende Physiker und Astrophysiker und nicht nur diese für die einfache Frage interessieren: Was ist zur Zeit „heiß“ in Physik und Astrophysik? Oder mit anderen Worten, welche Probleme der Physik und Astrophysik sind im Augenblick besonders wichtig und interessant? Ausgehend von der Vorstellung, daß diese Fragen für einen hinreichend großen Leserkreis wirklich interessant sind, wurde der Versuch unternommen, hier darauf zu antworten. Insofern handelt es sich nicht um die Früchte der Arbeit einer Kommission, sondern nur um die „persönliche Meinung“ des Autors. Deshalb können auch Trockenheit und Strenge mehr oder weniger offizieller Dokumente vermieden werden.

Im folgenden werden Probleme aufgezählt, die meiner Meinung nach zur Zeit zur Kategorie besonders wichtiger und interessanter Probleme gehören, aber zugleich wird weder der Versuch unternommen, genau zu bestimmen, was unter „wichtig“ und „interessant“ zu verstehen ist, noch, die Auswahl zu motivieren. Jeder hat das Recht, seine eigene Meinung hierzu zu sagen — und niemand ist verpflichtet, damit übereinzustimmen —, solange nicht der Versuch gemacht wird, die eigene Meinung als approbierter oder besser hinzustellen als andere mögliche Meinungen. Der Autor hat bewußt keinen derartigen Versuch unternommen und hat sich, um den „persönlichen“ Charakter der Darlegungen zu betonen, auch nicht bemüht, wie das sonst in der wissenschaftlichen Literatur üblich ist, Pronomen wie ich, mir und ähnliche zu vermeiden.

Es wäre interessant und könnte auch nützlich sein, die Listen „wichtiger Probleme der Physik und Astrophysik“, die von verschiedenen Personen aufgestellt wurden, zu vergleichen. Bedauerlicherweise wurden, so weit mir bekannt ist, keine entsprechenden Umfragen nach wissenschaftlichen Meinungen durchgeführt. Deshalb kann ich nur die Vermutung äußern, daß in der Mehrzahl dieser Listen sehr viel Gemeinsames stünde, wenn es nur gelänge, und das ist nicht leicht, über eines zu entscheiden: Was heißt ein „physikalisches Problem" im Unterschied zu Gebieten, Richtungen oder Objekten physikalischer Untersuchungen. Ich betone noch einmal, ohne mich weiter in Definitionen zu vertiefen, daß ich unter einem Problem eine solche Frage verstehe, bei der der Charakter (der Inhalt) der Antwort in Wesentlichem unklar ist. Es darf sich nicht um technische Weiterentwicklungen handeln, um die Notwendigkeit, eine Reihe von Messungen durchzuführen und ähnliches, sondern um die Möglichkeit, irgendeinen Stoff mit ungewöhnlichen Eigenschaften zu schaffen (zum Beispiel einen Zimmertemperatur-Supraleiter), die Grenzen der Anwendbarkeit einer Theorie zu klären (zum Beispiel der Allgemeinen Relativitätstheorie) oder irgendetwas Verborgenes aufzudecken (zum Beispiel die Ursache oder den Mechanismus für die Verletzung der kombinierten Parität beim K-Mesonen-Zerfall). Ausgehend von solchen Überlegungen, werden im weiteren die Quantenelektronik (einschließlich der meisten Laseranwendungen), viele Untersuchungen an Halbleitern (einschließlich der Miniaturisierung von Schaltungen und Geräten), die Nichtlineare Optik und Holographie und auch eine Reihe anderer interessanter Entwicklungen der modernen Optik, Aufgaben der Rechentechnik (einschließlich der Frage der Schaffung von Rechenmaschinen neuen Typs) und vieles andere nicht erwähnt.

Die große Bedeutung dieser Richtungen, der Reichtum nicht nur technischer, sondern auch physikalischer Fragen, die mit ihnen verbunden sind, steht außer Zweifel. Aber prinzipielle „physikalische Probleme" oder, sofern eine solche Formulierung angenehmer ist, irgendwelche wesentlichen „Unbestimmtheiten“, die die Physik betreffen, sind hier zur Zeit nicht sichtbar. Bis zur Schaffung des ersten Lasers existierte eine solche Ungewißheit, obwohl die Prinzipien, auf denen die Konstruktion eines Lasers beruht, klar waren. Die Erhöhung der Leistung oder anderer Laserparameter jedoch sind zwar notwendig und schwierig und auch ehrenhaft, aber sie unterscheiden sich qualitativ klar von der Aufgabe, Anordnungen und Geräte zu entwickeln, die auf neuen Prinzipien beruhen. Schon an einem geeigneten Beispiel ist zu sehen, wie formal die Grenzen zwischen physikalischen Aufgaben prinzipiellen und solchen technischen Charakters sind. Wenn man zum Beispiel von der Erhöhung der Leistung eines Lasers um viele Größenordnungen spricht, so ist diese Aufgabe zweifellos sehr aktuell und wichtig, man kann sie keineswegs einfach zur Technik oder zu einer „nichtprinzipiellen“ Physik zählen. Dasselbe kann man auch über die Schaffung von Rasern und Gasern — den Analoga der Laser im Röntgenstrahlen- und Gammastrahlen-Bereich — sagen. Raser und Gaser sind nicht nur nicht verwirklicht, sondern es ist auch nicht geklärt, wie dies zu tun wäre und ob man es überhaupt erreichen kann; deshalb handelt es sich hier, wenn wir unser Auswahlprinzip anwenden, um ein typisches „wichtiges und interessantes Problem“. Und so ist es fast in jedem Gebiet — ein wesentliches, plötzliches Überschreiten der Grenzen des schon Erreichten stellt fast immer ein Problem dar. Obwohl nicht alle diese Probleme reifen, das Erreichen nicht aller „Rekorde“ verlockend erscheint, so existiert doch tatsächlich eine Hierarchie von Problemen.

Oben wurde die Vermutung ausgesprochen, daß sich die „wissenschaftliche Meinung“, wenn man sich bemühte, sie zu erfahren, durch eine große Gemeinsamkeit der Ansichten darüber, welche Probleme heute „besonders wichtig und interessant“ sind, auszeichnen würde. Aber es entstünden zweifellos auch wesentliche Differenzen besonders in der Frage der Reihenfolge der verschiedenen

Aufgaben bezüglich einer Konzentration der Kräfte und Mittel. Das Gesagte ist speziell aus den Arbeiten [1—5] zu erkennen. Die Frage der Mittel und der Reihenfolge ist jedoch mit einer ganzen Reihe von Umständen verbunden, die über die Grenzen der reinen Wissenschaft hinausgehen. Zum Beispiel besitzt die Schaffung gigantischer Beschleuniger zweifellos großes wissenschaftliches Interesse, aber die Diskussion erfolgt hierbei vor allem darüber, ob die entsprechenden Ausgaben auf Kosten der Arbeit in anderen wissenschaftlichen Richtungen notwendig sind. Diesen Aspekt werden wir überhaupt nicht berühren und die Aufmerksamkeit nur auf die wissenschaftliche Problematik selbst konzentrieren. Aber auch bei einer solchen „Vereinfachung" und Beschränkung trifft man auf scharfe Meinungsverschiedenheiten. So werden zum Beispiel weiter unten als wichtigste prinzipielle Probleme der Festkörperphysik die Supraleitfähigkeit bei Zimmertemperatur, die Erzeugung metallischen Wasserstoffs und einiger anderer Stoffe mit ungewöhnlichen Eigenschaften, die metallische Exzitonen-Flüssigkeit in Halbleitern, Oberflächenerscheinungen und die Theorie kritischer Erscheinungen (speziell die Theorie der Phasenübergänge zweiter Art) erwähnt. Indessen wird in einer Notiz, die die Bezeichnung „Das fundamentalste ungelöste Problem der Festkörperphysik" trägt, als dieses Problem die Erklärung der empirischen Formel für die Bindungswärme bestimmter Kristalle aus anderen Stoffen angesehen. Es gelang mir zwar, wenn auch nicht ohne Mühe, zu verstehen, daß es in diesem Zusammenhang tatsächlich eine gewisse interessante Fragestellung gibt, aber ich konnte nicht erkennen, warum sie die „fundamentalste" ist, und mehr noch, ich bezweifle dies. Was folgt hieraus? Anscheinend nur das eine: Es ist unmöglich, ja sogar nicht notwendig, eine vollständige Liste der wichtigsten Probleme vorzulegen. Aber es ist wichtig und nützlich, darüber nachzudenken, was wichtig und was nicht wichtig ist, über dieses Thema zu debattieren, sich nicht zu fürchten, die eigene Meinung zu sagen und sie zu verteidigen (aber sie nicht aufzudrängen). Ich möchte den Leser bitten, sich den weiteren Darlegungen in diesem Sinn zuzuwenden. So ist die subjektive Färbung und die Strittigkeit unserer Bemerkungen offensichtlich, und die Leser sind hiervor gewarnt (allerdings helfen gewöhnlich keinerlei Warnungen und Vorbehalte).

Bevor wir zum Wesen der Sache übergehen, verbleibt noch zu bemerken, daß die Einteilung des Büchleins in drei Teile (Makrophysik, Mikrophysik, Astrophysik) ebenfalls etwas subjektiv ist. So wird das Problem superschwerer Kerne zur Makrophysik gerechnet, obwohl es auch zur Mikrophysik gezählt werden könnte. Weiterhin werden Fragen der Allgemeinen Relativitätstheorie unter Astrophysik behandelt und nicht unter Makrophysik, aber nur deshalb, weil die Allgemeine Relativitätstheorie im wesentlichen in der Astronomie verwendet wird (auch trägt der Unterschied zwischen Astrophysik und Makrophysik im Grunde genommen anderen Charakter als die Teilung in Mikro- und Makrophysik). Auf die Biophysik werden wir nahezu nicht eingehen und gar nicht auf weniger wichtige Fragen, die mit Physik und Astrophysik gekoppelt sind. Indessen erwies sich besonders die Verbindung von Physik und Biologie, das Eindringen physikalischer Methoden und Ideen in die Biologie als besonders fruchtbar und wichtig für die Biologie und potentiell auch für die Medizin, die Landwirtschaft usw. Ein großer Fehler der Physiker wäre es, sich von Aufgaben „biologischer Richtung" mit der Begründung, daß das „keine Physik" ist, abzugrenzen (siehe hierzu die gerechtfertigten Bemerkungen im Artikel [27]). Mehr noch, man kann annehmen, daß die Kopplung mit der Biologie, der Versuch, einige biologische Probleme zu lösen, für die Physik selbst fruchtbringend sein wird, ähnlich wie für viele Mathematiker die Hinwendung zur Physik als Quelle der Begeisterung und neuer Ideen diente und noch dient. Die Tatsache, daß im weiteren die Verbindung von Physik und Biologie nicht den notwendigen Niederschlag findet, ist keineswegs Resultat einer Unterschätzung dieser Richtung, sondern unter anderem dadurch begründet, daß der Autor die Biophysik und allgemein die Biologie nicht genügend kennt.

1. Makrophysik

1.1. Gesteuerte thermonukleare Synthese

Das Problem der gesteuerten thermonuklearen Synthese kann dann als gelöst angesehen werden, wenn es gelingt, die Kernreaktionen der Synthese für die Zwecke der Energiewirtschaft auszunutzen. Die Grundreaktionen, um die es hierbei geht, sind

$$\left.\begin{array}{l} d + d \rightarrow {}^3\mathrm{He} + n + 3{,}25\ \mathrm{MeV} \\ d + d \rightarrow t + p + 4{,}0\ \mathrm{MeV} \\ d + t \rightarrow {}^4\mathrm{He} + n + 17{,}6\ \mathrm{MeV} \end{array}\right\} \quad (1)$$

(d und t — Deuterium- und Tritiumkerne, p — Proton, n — Neutron).

Auch andere Kernreaktionen können von Bedeutung sein, wir erwähnen besonders die Reaktion ${}^6\mathrm{Li} + n \rightarrow t + {}^4\mathrm{He}$, die es erlaubt, die Neutronen auszunutzen und zugleich das Tritium zu regenerieren.

Es ist kaum zu bezweifeln, daß es gelingen wird, die Energie der Kernfusion in irgendeiner Weise zu nutzen — man braucht nur an die „triviale“ Möglichkeit der Anwendung unterirdischer Explosionen zu denken. Andererseits beschäftigt man sich schon mehr als zwanzig Jahre intensiv mit der Kernfusion, aber die Konturen eines zukünftigen Fusionsreaktors sind bei weitem noch nicht klar [6, 7]. Die einfachste und gleichzeitig wichtigste Forderung an einen Kernfusionsreaktor ist die Bedingung $n\tau > A$, wobei n die Konzentration der Elektronen oder

Kerne im Plasma ist[1]) und τ die charakteristische Zeit der Halterung oder der Existenz des Plasmas in der Anlage (man kann z. B. annehmen, daß τ die Zeit ist, in der sich die Energie des Plasmas ohne Energienachlieferung um die Hälfte oder um ein Mehrfaches verringert); die Konstante A charakterisiert den Kernbrennstoff, wobei für reines Deuterium $A \approx 10^{16}\,\mathrm{cm}^{-3} \cdot \mathrm{s}$ ist, und für das vorteilhafteste Gemisch, das aus gleichen Teilen Deuterium und Tritium besteht, $A \approx 10^{14}\,\mathrm{cm}^{-3} \cdot \mathrm{s}$ beträgt. Deshalb muß für die Arbeit des Reaktors (dafür, daß er mehr Energie liefert als für die Erzeugung und Erhaltung des Plasmas notwendig ist) folgende Ungleichung erfüllt sein.

$$n\tau > 10^{14}\,\mathrm{cm}^{-3} \cdot \mathrm{s}. \tag{2}$$

Der physikalische Sinn dieser Forderung ist offensichtlich: Je länger der Prozeß dauert, desto weniger stürmisch kann die Reaktion der „Verbrennung“ verlaufen (ihre Geschwindigkeit ist proportional zu n^2).

Der Idee nach könnte ein Plasmareaktor mit magnetischer Halterung des Plasmas am einfachsten sein. Von diesen Reaktoren sind zur Zeit toroidale magnetische „Fallen“ — die Tokamaks — am fortgeschrittensten (oder jedenfalls am populärsten). In diesen Systemen kann, wie auch in allen anderen mit magnetischer Halterung, die Konzentration des Plasmas nicht allzu groß sein: Andernfalls werden die magnetischen „Wände“ wegen des hohen Druckes des heißen Plasmas zerstört. In der größten der arbeitenden Tokamak-Anlagen (sie befindet sich im Institut für Atomenergie in Moskau) erreicht die Konzentration $n \approx 3 \cdot 10^{13}\,\mathrm{cm}^{-3}$, und die Dauer der Halterung der Teilchen beträgt $\tau \approx 0{,}1$ s. Deshalb muß für die Erfüllung der Bedingung (2) das Produkt noch mindestens 30fach vergrößert werden. Auch die Temperatur des

[1]) Natürlich ist das Plasma bei den hohen Temperaturen, wie sie für die Arbeit des Reaktors erforderlich sind ($T \geqq 10^8$ K), vollständig ionisiert. Deshalb sind bei Quasineutralität die Konzentrationen von Elektronen und Kernen der Wasserstoffisotope (Deuterium und Tritium) gleich.

Plasmas muß wesentlich erhöht werden (ein Deuterium-Tritium-Gemisch „brennt“ ausreichend schnell nur bei Temperaturen $T \gtrapprox 10^8$ K, aber zur Zeit wird im Tokamak nur eine Ionentemperatur von weniger als 10^7 K [7] erreicht). Außerdem muß man bedenken, daß in Tokamak-Anlagen die effektive Wärmeleitfähigkeit zu den Wänden noch recht groß ist. Deshalb muß gemäß [6b, 8] für die Erzeugung eines sich selbst erhaltenden Reaktors mit gleichen Teilen Deuterium und Tritium (das heißt für die Erfüllung von (2)) bei Verwendung eines schon erreichten Thermoisolationsgrades des Plasmas und mit Magnetfeldern $H = 10^5$ Oe der kleine Radius der toroidalen Kammer, in der sich das Plasma befindet, $a = 1{,}4$ m sein. Der Radius der Spule für die Erzeugung des Magnetfeldes erreicht hierbei 4,5 m. Darum ist es also notwendig, kolossale Felder in Volumina der Größenordnung einiger Kubikmeter zu erhalten. Es ist selbstverständlich, daß dies unter Verwendung supraleitender Magnete erreicht werden muß. Andernfalls ist keine günstige Energiebilanz zu erwarten.

Derart große Schwierigkeiten, die noch größer sein können beim Übergang zu realen Systemen, rechtfertigen die Diskussion anderer Möglichkeiten zur Lösung dieser Aufgabe. Aus der Literatur ist hierzu ([6—11]) eine Vielzahl von Vorschlägen bekannt: Die Verwendung offener magnetischer Fallen, die Anwendung kurzzeitiger Entladungen („schneller Pinch“) oder von Hochfrequenzentladungen im Plasma, die Aufheizung deuterierter Teilchen oder Kügelchen durch Laserstrahlung oder durch intensive Elektronenstrahlen, die Beschleunigung geladener Teilchen und ihre Verwendung für die Erhitzung des Deuteriums usw.

In der letzten Zeit zieht die Möglichkeit der Verwendung von Lasern („Laser-Kernfusion“) besondere Aufmerksamkeit auf sich. Ein Laser-Kernfusionsreaktor ist gewissermaßen der andere Pol im Vergleich zu den „langsamen“ thermonuklearen Reaktoren wie Tokamak und anderen. Bei der Lasermethode handelt es sich (wie übrigens auch bei der Verwendung von Elektronenstrahlen zur Erhitzung) um die Aufheizung fester Kügelchen mit einer Anfangskonzentration der Kerne von $n \approx 5 \cdot 10^{22}\ \mathrm{cm}^{-3}$ (eine solche Kernkonzentration liegt im festen Wasserstoff bei Atmosphärendruck vor) von allen Seiten. Deshalb ist es für die Erfüllung von (2) ausreichend, daß das Kügelchen nur $2 \cdot 10^{-9}$ s „arbeitet", und bei komprimiertem Material kann diese Zeit noch weiter verringert werden. Aber erstens muß die Energie des Lichtimpulses vom Laser hierbei 10^4–10^5 J $= 10^{11}$ bis 10^{12} erg und möglicherweise noch höhere Werte erreichen. Die existierenden Laser liefern Impulse einer Dauer von $\tau \approx 10^{-9}$ s mit einer Energie E von nur etwa 10^3 J (die Leistung W beträgt: $W = \frac{E}{\tau} \approx 10^{12}$ W). Zweitens muß die Impulsform in bestimmter Weise gewählt (und, was wichtig ist, auch erzeugt!) werden, damit das Kügelchen nicht auseinanderfliegt, sondern auch mit der Aufheizung seiner Oberfläche und des „Rückstoßes" des herausgeschleuderten (verdampfenden) Materials komprimiert wird. Die Wirkung des Impulses kann aber auch durch spezielle Schichten beeinflußt werden, die um das Kügelchen herum angebracht werden. Schließlich haben die zur Zeit existierenden Laser zur Erzeugung intensiver kurzer Impulse einen Wirkungsgrad, der kleiner als 1% ist. Für einen praktisch nutzbaren Reaktor (und nur ein solcher ist natürlich für die Lösung des Energieproblems von Bedeutung) muß der Wirkungsgrad des Lasers offenbar auf nicht weniger als 10–20% erhöht werden. Falls es gelingt, alle diese Aufgaben zu lösen, sind die Umrisse eines zukünftigen Kernfusionsreaktors mit Lasern etwa folgende: In einigen Kammern fallen kleine (Radius der Größenordnung 0,01–0,1 cm) feste oder flüssige Kügelchen aus einem Deuterium-Tritium-Gemisch in den Fokus der Laserstrahlung. Bei der „Verbrennung" der Teilchen werden Neutronen mit einer Energie von 14,1 MeV emittiert, die für die Erhitzung des umgebenen Materials und die Regenerierung des Tritiums verwendet werden können (die restlichen 3,5 MeV, die bei der Reaktion $d + t \rightarrow {}^4\text{He} + n$ entstehen, werden dem He-Kern übertragen; im Prinzip kann auch diese Energie ausgenutzt werden). Bei vollständiger „Verbrennung“ eines Teilchens mit der Ausdehnung von etwa einem Millimeter wird eine Energie von ungefähr $3 \cdot 10^8$ J freigesetzt, was einer Explosion von etwa 50 kg Trinitrotoluol entspricht.

Sowohl bei der Schaffung von thermonuklearen Reaktoren mit magnetischer Halterung des Plasmas als auch bei der Realisierung der Laser-Kernfusion oder anderer Anordnungen explosiven Charakters (Impulsaufheizung durch Elektronenstrahl u. a.) sind noch große Schwierigkeiten zu überwinden, besonders einige Parameter schon existierender Anordnungen (Modelle) um einige Größenordnungen zu erhöhen. Im Unterschied zur jüngsten Vergangenheit herrscht jedoch zur Zeit nichtsdestoweniger allgemein eine optimistische Stimmung, und die prinzipielle Möglichkeit eines Kernfusions-Reaktors erscheint real. Aber welcher oder welche Reaktortypen es auch immer zu realisieren gelingt, wann dies erfolgt und welche Schwierigkeiten noch zu überwinden sein werden, bleibt unklar. Dabei handelt es sich hier um so wesentliche Schwierigkeiten, daß sie keinesfalls als technische Schwierigkeiten angesehen werden können. Deshalb muß die Schaffung gesteuerter thermonuklearer Reaktoren zweifellos zu den wichtigsten physikalischen Problemen gezählt werden. Vergleich und Konkurrenz (wir meinen eine gesunde Konkurrenz und nicht die Schaffung gegenseitiger Hindernisse!) der verschiedenen Methoden sind bei der Lösung des Problems der thermonuklearen Synthese gleichermaßen notwendig.

Am Beispiel des Problems der thermonuklearen Synthese wird außerdem noch ein allgemeiner Umstand klar ersichtlich: Kaum ein gewaltiges physikalisches Problem existiert isoliert, sondern ist eng verbunden mit ganzen Richtungen oder Gebieten der Physik. Deshalb erweisen sich die besonderen Mühen, die auf die Lösung eines gegebenen Problems verwandt werden, in größerem

Umfang als fruchtbringend — sie stimulieren eine Vielzahl von Untersuchungen, ergeben neue Methoden, Zugänge usw. So beschäftigte man sich mit Plasmen und interessierte sich für sie auch schon, bevor man zu Beginn der fünfziger Jahre das Problem der gesteuerten thermonuklearen Synthese ausarbeitete. Aber andererseits kann man kaum überschätzen, als wie wichtig sich die Aufmerksamkeit gegenüber diesem Problem für die Entwicklung der Plasmaphysik, bei Anwendungen in Gasplasmen, Festkörperplasmen und Plasmen, wie sie im Kosmos existieren, erwies.

1.2. Supraleitfähigkeit bei hohen Temperaturen

Die Supraleitfähigkeit wurde im Jahr 1911 entdeckt und blieb lange Jahre nicht nur eine unerklärte Erscheinung (die rätselhafteste im Bereich der Makrophysik), sondern fand auch keinerlei praktische Anwendung. Letzteres ist in erster Linie dadurch bedingt, daß die Supraleitfähigkeit bis in die Gegenwart nur bei tiefen Temperaturen beobachtet wird. So beträgt die Sprungtemperatur des zeitlich zuerst untersuchten Supraleiters, des Quecksilbers, $T_c = 4{,}1$ K. Den höchsten Wert von $T_c \approx 21$ K hatte eine bestimmte Legierung von Nb, Al und Ge, und im Jahr 1973 wurde festgestellt, daß für Nb_3Ge $T_c = 23{,}2$ K ist (bekannter ist die Verbindung Nb_3Sn mit $T_c = 18{,}1$ K, deren Supraleitfähigkeit 1954 entdeckt wurde). Bei Temperaturen nahe T_c (aber natürlich kleiner als diese, da nach Definition das Metall bei $T > T_c$ aufhört, supraleitend zu sein) ist es besonders schwierig, einen Supraleiter auszunutzen. So sind in diesem Gebiet das kritische Magnetfeld und der kritische Strom (das heißt, das Feld und der Strom, die die Supraleitfähigkeit zerstören) sehr klein (bei $T \to T_c$ gehen die Werte von H_c und I_c gegen Null). Auf Grund dessen kann man Supraleiter nur ausnutzen, wenn man Helium (Siedepunkt $T_b = 4{,}2$ K) als Kühlmittel verwendet, weil flüssiger Wasserstoff (Siedepunkt $T_b = 20{,}3$ K) schon bei $T = 14$ K fest wird (feste Stoffe als Kühlmittel zu verwenden, ist jedoch weder leicht noch angenehm).

Noch vor 25 bis 30 Jahren wurde wenig Helium gewonnen (auch jetzt wird ein Defizit an Helium spürbar), und die Technik der Verflüssigung war unvollkommen. Deshalb gab es in der Welt nur eine kleine Zahl von Heliumverflüssigern geringer Leistung. Die Anwendung von Supraleitern in supraleitenden Magneten (und das ist das bisher wichtigste Gerät, in welchem Supraleiter angewendet werden) wurde auch begrenzt durch die niedrigen Werte von H_c und I_c für die früher bekannten Materialien (für Hg ist sogar bei $T \to 0$ das Feld $H_c \approx 400$ Oe).

Zu Beginn des vergangenen Jahrzehnts änderte sich die Situation jedoch radikal. Heute ist es kein Problem, flüssiges Helium zu erhalten. Verschiedentlich werden Verflüssiger nicht in Laboratorien und Instituten aufgestellt, sondern die notwendige Menge flüssigen Heliums wird telefonisch bei speziellen Firmen und Fabriken bestellt (es wird in großen Dewargefäßen transportiert). Überschätzt wurde auch die „Magnetfeld-Strom-Barriere" — es wurden supraleitende Materialien entwickelt, mit denen man Magnete mit einem Feld H_c, das einige hundert Kilooersted beträgt, herstellen kann (bei der erwähnten Legierung aus Niob, Aluminium und Germanium mit $T_c \approx 21$ K verschwindet die Supraleitfähigkeit erst bei einem Feld $H_c \approx 400$ kOe). Bei den in der Praxis verwendeten Materialien sind bisher jedoch die kritischen Felder und Ströme nicht so hoch, um Magnete mit 300 bis 400 kOe bauen zu können. Aber das ist im Grunde nur eine Frage der Technik und der Technologie. Es gibt offenbar keine prinzipiellen Gründe, die die Herstellung von Magneten mit 300 kOe[1]) bei Heliumtemperaturen verhindern.

[1]) Die Realisierung von Supraleitern mit hohen Werten von H_c und I_c wurde im wesentlichen durch große experimentelle und technologische Arbeit möglich. Die Theorie spielte hier — vor allem bezüglich hoher kritischer Ströme —

Eine andere prinzipielle Frage ist die sehr verlockende Möglichkeit der Herstellung von Supraleitern bei hohen Temperaturen, das heißt von Metallen, die auch bei der Temperatur des flüssigen Stickstoffes (für Stickstoff ist $T_b = 77{,}4$ K) oder, sogar noch besser, bei Zimmertemperatur supraleitend bleiben.

Der Autor hat den augenblicklichen Zustand des Problems der Supraleitfähigkeit bei hohen Temperaturen schon ausführlich in der Arbeit [12] dargelegt. Deshalb können wir uns hier auf nur einige Bemerkungen beschränken.

Die Supraleitfähigkeit entsteht, wenn sich im Metall Elektronen nahe der FERMI-Grenze gegenseitig anziehen und infolgedessen Paare bilden, die etwas „erleiden", was ähnlich der BOSE-EINSTEIN-Kondensation ist. Die kritische Temperatur für den supraleitenden Übergang ist der Bindungsenergie der Elektronen im Paar proportional und wird, grob gesprochen, durch zwei Faktoren bestimmt: durch die Anziehungs-(Bindungs-)kraft, die man durch einen gewissen Parameter g charakterisieren kann, und durch die Breite $k\theta$ des Energiebereiches nahe der FERMI-Grenze, in dem noch eine Anziehung zwischen den Elektronen existiert. Hierbei ist

$$T_c \approx \theta \exp\left(-\frac{1}{g}\right). \tag{3}$$

Anscheinend ist immer $g \leqq 1$ und für einige Modelle sogar $g \leqq \frac{1}{2}$; für die Mehrzahl der bekannten Supraleiter ist $g \leqq \frac{1}{3}$ bis $\frac{1}{4}$ (Formel (3) ist unmittelbar anwendbar gerade bei $g \ll 1$). Die Temperatur θ in (3) hängt von dem Mechanismus ab, der zur Anziehung zwischen den Elektronen führt. In den bekannten Fällen wird dieser

keine wesentliche Rolle. Andererseits wurde eine Reihe anderer Erfolge durch theoretische Überlegungen initiiert. In verschiedenen Fällen führen also völlig unterschiedliche Wege zum Erfolg.

Mechanismus anscheinend durch die Wechselwirkung der Elektronen mit dem Gitter bestimmt. In diesem Fall ist $\theta \approx \theta_D$, wo θ_D die DEBYE-Temperatur ist, deren physikalischer Sinn darin besteht, daß $k\theta_D$ die Energie der kurzwelligsten Phononen im Körper ist ($k = 1{,}38 \cdot 10^{-16}$ erg · grad^{-1} — BOLTZMANN-Konstante). Die Wellenlänge dieser Phononen beträgt $\lambda \approx a \approx 3 \cdot 10^{-8}$ cm (a — Gitterkonstante) und $k\theta_D \approx \hbar\omega_D$ ($\omega_D \approx \frac{u}{a} \approx 10^{13}$—$10^{14}$ s^{-1}, worin $u \approx 10^5$—10^6 cm · s^{-1} die Schallgeschwindigkeit ist). Somit ist $\theta_D \approx 10^2$—10^3 K.

Bei $\theta_D = 100$ K und $g = \frac{1}{2}$ ist gemäß Formel (3) $T_c \approx \theta_D e^{-2} = 13{,}5$ K, und überhaupt ist für den Phononenmechanismus $T_c \lesssim 30$—40 K. Dadurch sind einerseits die Möglichkeiten der Erhöhung von T_c mit traditionellen Methoden (die Herstellung neuer Legierungen und ihre Verarbeitung) offenbar bei weitem noch nicht ausgeschöpft (wir denken noch nicht einmal an Stoffe wie metallischen Wasserstoff, s. u.). Andererseits wird verständlich, warum es schwierig und auch unmöglich ist, auf der Grundlage des Phononenmechanismus die Herstellung von Supraleitern bei hohen Temperaturen mit $T_c \gtrsim 80$—300 K (hier lassen wir wieder metallischen Wasserstoff unberücksichtigt) zu erwarten.

Die Hoffnung, Supraleiter bei hohen Temperaturen zu erhalten, ist in erster Linie mit der Ausnutzung des Exzitonenmechanismus für die Anziehung zwischen den Elektronen verbunden. Wesentlich ist, daß im Festkörper außer Gitterwellen (oder, in der Quantensprache, Phononen) auch elektronische Anregungen — Exzitonen — existieren. In Molekülkristallen sind die Exzitonen in anschaulicher Weise der angeregte Zustand eines Moleküles, der von Molekül zu Molekül „überspringt" und so durch den Kristall läuft. In Halbleitern sind Exzitonen im einfachsten Fall ein Elektron und ein Loch, die miteinander durch COLOUMB-Kräfte gekoppelt sind und deshalb ein Quasiatom bilden, das dem Positronium ähnlich ist.

Die Energie der Anregung (Bindung), die diesen Exzitonen entspricht (es handelt sich um elektronische Exzitonen; manchmal heißen auch andere Anregungen Exzitonen), liegt gewöhnlich im Bereich von Hundertstel Elektronenvolt bis zu einigen Elektronenvolt. Der Austausch von Exzitonen kann, ähnlich dem Austausch von Phononen, zu einer Anziehung zwischen den Elektronen der Leitfähigkeitszone führen. In diesem Fall ist in einer (3) analogen Formel die Temperatur jedoch $\theta \approx \frac{E_E}{k} \approx 10^3$ bis 10^4 K (hier ist E_E die Energie des Exzitons; einer Energie $E_E = 1$ eV entspricht eine Temperatur von $\theta \approx 10^4$ K). Wenn es gelänge, auf Grund des Austauschs von Exzitonen eine ausreichend starke Anziehung zwischen den Elektronen $\left(g \gtrsim \frac{1}{4} \text{ bis } \frac{1}{5}\right)$ zu realisieren, so würden sich viel größere Werte der kritischen Temperatur T_c ergeben. Es sind einige Zugänge und Wege bekannt, die hoffen lassen, den Exzitonenmechanismus ausnutzen zu können. Von diesen Wegen sind meiner Meinung nach die am erfolgversprechendsten, die auf der Anwendung von aus Schichten bestehenden Verbindungen und „Sandwiches" — dünnen metallischen Schichten mit dielektrischen Belegungen — basieren.

Hier besteht nicht die Möglichkeit, dies ausführlicher darzulegen (s. [12] und die dort angegebene Literatur und auch die Arbeiten [13, 14]). Wir betonen nur, daß bisher noch sehr wenig konkrete sowohl theoretische als auch experimentelle Untersuchungen auf dem notwendigen Niveau durchgeführt wurden. Während man sich mit dem Problem der thermonuklearen Synthese schon mehr als zwanzig Jahre intensiv beschäftigt, beginnen die Untersuchungen auf dem Gebiet der Supraleitfähigkeit bei hohen Temperaturen gerade erst. Es ist auch denkbar, daß die extrem komplizierte Synthese neuer Stoffe gar nicht notwendig ist, und die Möglichkeit ist nicht ausgeschlossen, einen Erfolg mit relativ bescheidenen (wenn auch modernen) Mitteln zu erreichen. Deshalb würde ich mich nicht wundern, wenn ich in einer physikalischen Zeitschrift über einen Supraleiter bei hohen Temperaturen lesen würde (das wäre mit großer Wahrscheinlichkeit eine Sensation, und wir würden diese Neuigkeiten aus Zeitungen und Rundfunkmeldungen erfahren). Nicht weniger wahrscheinlich ist es aber, daß es sehr schwierig oder im Prinzip auch unmöglich ist, Supraleiter bei hohen Temperaturen zu schaffen. Deshalb findet man, wie unter ähnlichen Bedingungen üblich, neben optimistischen Einschätzungen der Situation [12, 13] auch sehr pessimistische [14].

Im großen und ganzen bleibt die Frage nach der Möglichkeit der Schaffung von Supraleitern bei hohen Temperaturen offen.

1.3. Neue Materialien (das Problem der Erzeugung metallischen Wasserstoffs und einiger anderer Materialien)

Auf der Erde existiert unter natürlichen Bedingungen oder künstlich hergestellt eine große Anzahl unterschiedlicher Stoffe (chemische Verbindungen, Legierungen, Lösungen, Polymere usw.). Im allgemeinen gehört die Herstellung neuer Materialien in das Gebiet der Chemie oder Technologie und ist kein physikalisches Problem. Anders ist es aber, wenn es sich um ungewöhnliche (exotische) Materialien handelt. Hierzu kann man die schon erwähnten Supraleiter bei hohen Temperaturen und zum Beispiel auch hypothetische Kristalle mit dicht gepackten Strukturen zählen, die, gelänge es, sie herzustellen, außerordentlich gute mechanische und thermische Eigenschaften [15] besitzen würden. So würde dicht gepackter Kohlenstoff („Superdiamant“) eine Härte (einen Kompressionsmodul) besitzen, die die Härte des Diamanten um einige Größenordnungen übersteigen würde. Leider kennt der Autor den augenblicklichen Zustand dieses Problems nicht und weiß nicht, in welchem Maß es überhaupt real ist (das heißt, als physikalisches

Problem angesehen werden kann). Aber einen „neuen Stoff“ gibt es bestimmt, dessen Herstellung und Untersuchung ein wichtiges und interessantes Problem darstellt; es zieht übrigens in der letzten Zeit große Aufmerksamkeit auf sich. Gemeint ist der metallische Wasserstoff.

Bekanntlich ist Wasserstoff unter gewöhnlichen Bedingungen (nehmen wir an, bei Atmosphärendruck) molekular, er siedet bei $T_b = 20{,}3$ K und wird bei $T_m = 14$ K fest. Die Dichte des festen Wasserstoffs beträgt $\varrho = 0{,}076 \frac{\text{g}}{\text{cm}^3}$, er ist ein Dielektrikum. Bei ausreichender Kompression jedoch, wenn die äußeren atomaren Schalen zerdrückt werden, muß das gesamte Material in den metallischen Zustand übergehen. Eine grobe Abschätzung der Dichte metallischen Wasserstoffs kann man erhalten, wenn man annimmt, daß der Abstand zwischen den Protonen von der Größenordnung des BOHRschen Radius $a_0 = \frac{\hbar^2}{me^2} = 0{,}529 \cdot 10^{-8}$ cm ist. Hieraus ergibt sich $\varrho \approx Ma_0^{-3} \approx 10 \text{ g} \cdot \text{cm}^{-3}$ ($M = 1{,}67 \cdot 10^{-14}$ g — Masse des Protons). Quantitative, wenn auch unsichere Berechnungen ergeben eine kleinere Dichte: Zum Beispiel befinden sich gemäß [16] molekularer und metallischer Wasserstoff im thermodynamischen Gleichgewicht bei einem Druck von $p = 2{,}60$ Mbar, wobei die Dichte des metallischen Wasserstoffs $\varrho = 1{,}15 \text{ g} \cdot \text{cm}^{-3}$ ist (die Dichte molekularen Wasserstoffs beträgt hierbei $\varrho = 0{,}76 \text{ g} \cdot \text{cm}^{-3}$). Nach [17] ist im Gleichgewicht $p = 1\text{—}2{,}5$ Mbar, wobei die Unsicherheit mit dem Fehlen hinreichend sicherer Daten über die Zustandsgleichung der molekularen Phase zusammenhängt. Außerdem ist es möglich, daß metallischer Wasserstoff supraleitend ist mit einem hohen Wert von T_c, der 100—300 K erreicht (für metallischen Wasserstoff ist die DEBYE-Temperatur $\theta_D \approx 3 \cdot 10^3$ K; deshalb ist nach Gleichung (3) für $g < \frac{1}{2}$ die Temperatur $T_c \lessapprox 500$ K).

Die Herstellung eines in gewisser Weise so einfachen Metalls wie metallischen Wasserstoff und die Bestimmung seiner kritischen Temperatur T_c besitzen nicht nur physikalisches Interesse, sondern können auch aktuelle astrophysikalische Bedeutung haben (es genügt zu sagen, daß große Planeten wie Jupiter und Saturn in großen Teilen metallischen Wasserstoff enthalten müssen; siehe [18]). Aber noch viel wichtiger ist, daß metallischer Wasserstoff sich, sogar ohne daß der Druck erhalten bleibt, als stabil (wenn auch natürlich als metastabil) erweisen kann. Die Existenz ähnlich stabiler metastabiler Modifikationen ist allgemein bekannt (als Beispiel kann Diamant dienen, der bei tiefen Temperaturen und Drücken eine größere freie Energie als Graphit besitzt). Auch für metallischen Wasserstoff ist die Frage seiner Stabilität ohne Druck möglicherweise positiv zu entscheiden [17, 19], aber es bleibt unklar, ob dieser Zustand hinreichend lange leben wird. Unabhängig von der Frage der Stabilität und der Dauer der Existenz des metastabilen Zustands führten theoretische Untersuchungen [17] zur möglichen Struktur des metallischen Wasserstoffs zu interessanten und unerwarteten Resultaten: Bei verschwindendem Druck sollte der metallische Wasserstoff eine Fadenstruktur ohne Ordnung längs der Fäden besitzen, das heißt, er sollte nur eine zweidimensionale Periodizität aufweisen (die Fäden bilden in der zu ihnen senkrechten Ebene ein dreieckiges Gitter). Unter Druck kann der metallische Wasserstoff noch vor Erreichen des Gleichgewichtsdrucks (des Drucks, bei dem molekularer und metallischer Wasserstoff koexistieren) in den flüssigen Zustand übergehen; offensichtlich wird in diesem Fall fester molekularer Wasserstoff unter Druck in flüssigen metallischen Wasserstoff übergehen. Es ist jedoch auch möglich, daß der flüssige Zustand einem höheren als dem Gleichgewichtsdruck entspricht.

Ein weiteres Vordringen in das Gebiet der Untersuchung metallischen Wasserstoffs ist schwerlich möglich ohne Experimente — ohne den Versuch, ihn zu erzeugen (wobei es auch notwendig ist, die Parameter des molekularen Wasserstoffs bei hohen Drücken zu bestimmen, was noch nicht geschehen ist).[1]) Als interessant kann sich auch die Untersuchung verschiedener Legierungen metallischen Wasserstoffs mit schwereren Elementen erweisen. So oder anders, das Problem des metallischen Wasserstoffs (sowohl des leichten als auch des schweren, das heißt des Deuteriums) gehört augenblicklich zu den besonders aktuellen Problemen. Im Fall des „Gelingens" jedoch, wenn metallischer Wasserstoff sich bei kleinen Drücken als hinreichend stabil (langlebig) und darüber hinaus auch noch als supraleitend erweist, werden die Erzeugung und die Untersuchung metallischen Wasserstoffs zu einer der grundlegenden Aufgaben auf dem Gebiet der Makrophysik werden.

Die Erzeugung und die Verwendung von Materialien mit wunderbaren Eigenschaften — das ist eines der beliebten Themen von Autoren phantastischer Romane. Dabei ist anscheinend alles erlaubt. Aber auch auf den Seiten ernsthafter wissenschaftlicher Zeitschriften erscheinen Mitteilungen über die Entdeckung völlig ungewöhnlicher Stoffe, die sich im weiteren nicht bestätigen. Hier handelt es sich einerseits darum, daß es in vielen Fällen sehr schwierig ist, die Zusammensetzung und die Eigenschaften eines Stoffs, der in sehr geringen Mengen und für sehr kurze Zeiten (zum Beispiel bei Explosionen) oder unter sehr hohen Drücken hergestellt wird, zu bestimmen. Andererseits möchten natürlich die Autoren keine große Entdeckung „außer acht lassen". Entsprechende Beispiele sind lehrreich, insbesondere als Erinnerung an die Notwendigkeit, eine Entdeckung erst nach mehrfacher und allseitiger Überprüfung als endgültig feststehend anzusehen.

---

[1]) Erste positive Resultate auf diesem Wege, wenngleich nur von vorläufigem Charakter, wurden in der UdSSR, in den USA und in Japan veröffentlicht.

1.4. Metallische Exzitonen-Flüssigkeiten in Halbleitern (Elektron-Loch-Flüssigkeiten)

Wenn es in Halbleitern Elektronen und Löcher gibt (nehmen wir an, erzeugt durch Beleuchtung), so müssen sie sich bei hinreichend tiefen Temperaturen zu den schon erwähnten Exzitonen vereinigen — zu wasserstoffähnlichen „Atomen", die dem Positronium verwandt sind. In erster Näherung sind die Bindungsenergie und der Radius dieser Exzitonen im Grundzustand gegeben durch

$$E_{0,\mathrm{E}} \approx \frac{e^4 m_{\mathrm{eff}}}{2\varepsilon^2 \hbar^2} = \frac{E_0 m_{\mathrm{eff}}}{m\varepsilon^2}; \qquad a_{0,\mathrm{E}} \approx \frac{\hbar^2 \varepsilon}{m_{\mathrm{eff}} \cdot e^2} = \frac{a_0 \varepsilon m}{m_{\mathrm{eff}}}, \tag{4}$$

worin

$$E_0 = \frac{e^4 m}{2\hbar^2} \quad \text{und} \quad a_0 = \frac{\hbar^2}{me^2}$$

die bekannten BOHRschen Ausdrücke für die Energie und den Radius des Wasserstoffatoms sind, m_{eff} ist die effektive Masse von Elektronen und Löchern (wir nehmen hier an, daß diese Massen gleich sind; eine Anisotropie wird nicht berücksichtigt), und ε ist die dielektrische Permeabilität des Halbleiters.

Da in einer Reihe von Fällen $\varepsilon \gtrapprox 10$ und $m_{\mathrm{eff}} \lessapprox 0{,}1\, m$ ist, wird klar, daß der Radius der Exzitonen $a_{0,\mathrm{E}} \gtrapprox 10^{-6}$ cm und ihre Energie $E_{0,\mathrm{E}} \lessapprox 10^{-2}$ eV ≈ 100 K beträgt. Offensichtlich hängen diese Veränderungen (im Vergleich zum Wasserstoffatom) mit einer Schwächung der COULOMB-Anziehung um das ε-fache und auch mit der Kleinheit der effektiven Masse (im Vergleich zur Masse m des freien Elektrons) zusammen.[1])

Wie schon im Zusammenhang mit dem Problem des flüssigen Wasserstoffs erwähnt wurde, führten das

---

[1]) In den uns interessierenden Fällen ist der Radius des Exzitons $a_{0,\mathrm{E}} \gg a_0 \approx 5 \cdot 10^{-9}$ cm, und vor allem deshalb kann die Wechselwirkung zwischen Elektron und Loch durch das COULOMBsche Gesetz unter Berücksichtigung des Einflusses des Mediums beschrieben werden (bekanntlich entspricht in diesem Falle die Wechselwirkungsenergie der Ladungen $-e$ und $+e$ einer Anziehung, die den absoluten Wert $e^2/\varepsilon r$ hat; r ist der Abstand zwischen den Ladungen).

Kriterium hoher Dichte und Metallbildung, grob gesprochen, dazu, daß die Ausdehnung der Elektronenwolke mit dem Abstand zwischen den Kernen vergleichbar wird. Für Exzitonen im Halbleiter bedeutet das, daß ihre Gesamtheit bei Konzentrationen von $n_E \approx a_{0,E}^{-3} \approx 10^{18}\,cm^{-3}$ „dicht" wird. Insofern entsprechen für Exzitonen hohe Dichten, die für Wasserstoff bei Drücken von Millionen Atmosphären erreicht werden, durchaus normalen Konzentrationen von Elektronen und Löchern im Halbleiter von $n \approx 10^{18}\,cm^{-3}$. Schon eine solche Möglichkeit, in Halbleitern extrem hohe Drücke zu imitieren, macht die betrachtete Frage wichtig. Dieser Schluß erweist sich als noch begründeter, wenn man über das mögliche Verhalten eines dichten Systems von Exzitonen im Halbleiter nachdenkt [20]. Ein solches System muß flüssig werden und Tröpfchen bilden. Mehr noch, die Exzitonen stellen ein Elektronen-Loch-Metall dar, das heißt, sie sind ähnlich einem flüssigen Metall, obwohl auch ihr „molekularer" Aufbau nicht ganz ausgeschlossen werden kann — sie sind dann analog dem flüssigen Wasserstoff, der aus H_2-Molekülen besteht (die Rolle der Moleküle spielen in der molekularen und folglich dielektrischen „Exzitonen-Flüssigkeit" die Biexzitonen — zwei miteinander vereinigte Exzitonen). Im Prinzip können in einer Elektronen-Loch-(Exzitonen-)Flüssigkeit Supraleitung und Suprafluidität beobachtet werden. Kurz gesagt, eine Exzitonen-Flüssigkeit in Halbleitern muß eine ganze Reihe von interessanten Eigenschaften und Besonderheiten besitzen, die natürlich von den Charakteristika des verwendeten Halbleiters abhängen. Die experimentelle Untersuchung dieses Problems wird schon in breiter Front durchgeführt [20]. Man kann annehmen, daß sich das Problem der Exzitonen-Flüssigkeit in Halbleitern in den nächsten Jahren im Zentrum der Aufmerksamkeit der Festkörperphysik befinden wird.[1])

---

[1]) Jedenfalls wurde in den Jahren 1974—1976 eine große Zahl entsprechender Arbeiten veröffentlicht, wobei zweifelsohne Erfolge erreicht wurden.

Neben dem oben Gesagten mögen zugunsten dieser Schlußfolgerung noch zwei Argumente angeführt werden. Erstens kann man, wenn man mit Exzitonen in Halbleitern arbeitet, nicht nur extrem hohe Dichten (Drücke) „modellieren", sondern auch die Wirkung extrem starker Magnetfelder. Hiervon wird im Abschnitt 1.6. die Rede sein. Zweitens ist die Untersuchung von Exzitonen in zweidimensionalen und eindimensionalen Strukturen an der Reihe — an Festkörperoberflächen (zweidimensionales oder quasizweidimensionales System) und in verschiedenen quasieindimensionalen Bildungen, zum Beispiel in langen Polymeren, an der Schnittgrenze von Kristallflächen, in Whiskern (dünnen kristallinen Fäden). Auch in diesen Systemen können sich Elektron-Loch-„Atome" bilden, wobei die Bedingung für eine hohe Dichte nun jedoch das Aussehen $n_E \approx a_{0,E}^{-2}$ (im zweidimensionalen Fall) oder $n_E \approx a_{0,E}^{-1}$ (im eindimensionalen Fall) hat. Das bedeutet, daß der Übergang zur „Flüssigkeit" im zweidimensionalen Fall schon bei Exzitonenkonzentrationen von $n_E \approx 10^{12}$ cm^{-2} (für $a_{0,E} \sim 10^{-6}$ cm) erfolgt. Außerdem besitzt die Frage der Oberflächenexzitonen auch von einem anderen Gesichtspunkt aus große Bedeutung, speziell für die Supraleitfähigkeit bei hohen Temperaturen [12] (siehe auch 1.8. weiter unten).

Wir haben schon betont, daß die im vorliegenden Büchlein angeführten Probleme bei weitem nicht alle interessanten und wichtigen Fragen berühren und daß die Trennung des „Wichtigen" vom „Unwichtigen" überhaupt eine schwierige und, was die Hauptsache ist, sehr bedingte Angelegenheit ist. Wir erinnern gerade hier noch einmal daran, weil hier von allen Problemen der Halbleiterphysik nur die Frage der Exzitonen-Flüssigkeit ausgewählt wurde. Zweifellos würden jedoch Spezialisten auf dem Gebiet der Halbleiter noch eine Reihe von Problemen nennen: Fragen der Phasenübergänge Metall-Dielektrikum, ungeordnete Systeme und andere. Ich glaube jedoch, daß sich das Problem der Exzitonen-

Flüssigkeit in Halbleitern von den anderen Problemen durch seine Neuheit, Eleganz und Vielseitigkeit unterscheidet.

1.5. Phasenübergänge zweiter Art (kritische Erscheinungen)

Supraleitender Übergang, Umwandlung von Helium I in suprafluüssiges Helium II, Entstehung des ferromagnetischen aus dem paramagnetischen Zustand, viele seignetteelektrische (ferroelektrische) Übergänge, eine Reihe von Umwandlungen in Legierungen — solchermaßen umfangreich sind die Beispiele für Phasenübergänge zweiter Art. Bei solchen Übergängen fehlt die Freisetzung (oder Adsorption) einer latenten Wärme, es gibt keine sprunghafte Änderung des Volumens oder der Gitterparameter, das heißt, die Umwandlung kann etwa als kontinuierlich angesehen werden. Zugleich werden am Übergangspunkt Sprünge der Wärmekapazität, der Kompressibilität und anderer Größen beobachtet, und viele dieser Größen verhalten sich in der Nähe des Übergangspunktes anomal. So wird die Wärmekapazität für den Übergang Helium I $\rightleftharpoons$ Helium II und für einige andere Übergänge recht gut durch das Gesetz $C \sim \ln\left|\frac{T - T_c}{T_c}\right|$ beschrieben, worin T_c die Temperatur des Überganges (die Temperatur des λ-Punktes) ist. Die magnetische und die dielektrische Permeabilität streben in dem Fall, der dem ferromagnetischen und dem seignetteelektrischen Übergang entspricht, bei $T \to T_c$ gegen unendlich und werden häufig näherungsweise durch das CURIEsche Gesetz $\chi \sim |T - T_c|^{-1}$ beschrieben.

An die Phasenübergänge zweiter Art schließen sich einige Übergänge erster Art an, die nahe dem sogenannten kritischen CURIE-Punkt liegen (s. [22]). Bei einer Änderung einer Reihe von Parametern (zum Beispiel des Druckes) können so Phasenübergänge zweiter Art Phasenübergänge erster Art werden (ein Punkt, in dem die Kurven für die Übergänge unterschiedlichen Typs im p,T-Diagramm ineinander übergehen, wird auch kritischer CURIE-Punkt genannt). Es ist verständlich, daß Übergänge erster Art, die nahe dem kritischen CURIE-Punkt liegen, Phasenübergängen zweiter Art verwandt sind (die latente Wärme des Überganges ist von Null verschieden, aber klein; zugleich wird eine Anomalie der Wärmekapazität u. ä. beobachtet). Zu diesen Übergängen gehören zum Beispiel einige seignetteelektrische Umwandlungen, der suprafluide Übergang in ^3He-^4He-Gemischen und offenbar der $\alpha \rightleftharpoons \beta$-Übergang im Quarz. Schließlich sind Übergänge zweiter Art analog den kritischen Punkten Flüssigkeit—Dampf (Gas) und einigen anderen.

Das Problem der Phasenübergänge zweiter Art (und der ihnen nahegelegenen Übergänge, siehe in diesem Zusammenhang auch [23]) besteht offensichtlich darin, ein hinreichend vollständiges qualitatives und quantitatives Verständnis der verschiedenen Erscheinungen nahe dem Übergangspunkt zu erhalten. Speziell geht es um die Feststellung der Temperaturabhängigkeit aller Größen — ihre Abhängigkeit von der Differenz $(T - T_c)$.

Der kontinuierliche Charakter der Übergänge zweiter Art läßt ihre Betrachtung auf Grundlage einer Entwicklung der thermodynamischen Größen (zum Beispiel des thermodynamischen Potentials) in eine Reihe nach einem gewissen Parameter η, der im Gleichgewicht bei $T \geqq T_c$ gegen Null geht, natürlich erscheinen. Weiterhin werden die Koeffizienten A, B, C u. a. der entsprechenden Entwicklung

$$\Phi = \Phi_0 + A\eta^2 + B\eta^4 + C\eta^6 + \cdots \tag{5}$$

ihrerseits in eine Reihe nach Potenzen von $(T - T_c)$ zerlegt, so daß nahe einem typischen Übergang zweiter Art $A = A'(T - T_c)$ und $B = B_0 = \text{const}$ ist. Dieser Zugang, der auf GIBBS und VAN DER WAALS zurückgeht, wurde systematisch von LANDAU entwickelt [22].

Im Rahmen der LANDAUschen Theorie ergibt sich für die Suszeptibilität das CURIEsche Gesetz $\chi \sim |T - T_c|^{-1}$, die spontane magnetische ($\mathcal{M}$) oder elektrische ($\mathcal{P}$) Polarisation verändern sich bei $T < T_c$ nach dem Gesetz $\mathcal{M} \sim \sqrt{T_c - T}$, $\mathcal{P} \sim \sqrt{T_c - T}$ usw. Dabei findet der anomale Temperaturgang der Wärmekapazität und anderer Größen bei $T \to T_c$ in der LANDAUschen Theorie keine Erklärung. Außerdem zeigten detaillierte Messungen [24], daß das CURIEsche Gesetz und andere analoge Beziehungen in unmittelbarer Nähe des Überganges, wo $\chi \sim |T - T_c|^{-\gamma}$ und $\mathcal{M} \sim (T_c - T)^\beta$ mit $\gamma \neq 1$ und $\beta \neq \frac{1}{2}$ ist, ungenau ist.

Die Theorie LANDAUS führt zu denselben Resultaten wie auch Modelltheorien (vom Typ der bekannten WEISSschen Theorie des Ferromagnetismus), in denen die Methode des selbstkonsistenten (oder, wie man manchmal auch sagt, des molekularen) Feldes verwendet wird. Hieraus wie natürlich auch aus der Natur der Sache ist klar, daß die Begrenzung der LANDAUschen Theorie mit der Vernachlässigung der Fluktuationen zusammenhängt. Insbesondere wird der Mittelwert zum Beispiel der Magnetisierung $\mathcal{M}$ betrachtet. Bei $T \to T_c$ geht der Mittelwert der Größe $\mathcal{M} \to 0$, während die Fluktuationen von $\mathcal{M}$ nicht nur nicht verschwinden, sondern, entgegengesetzt, stark anwachsen. Deshalb ist verständlich, daß der Bereich der Anwendbarkeit der LANDAUschen Theorie, der für unterschiedliche Übergänge verschieden ist, der Bereich relativ kleiner Fluktuationen ist [25]. In der Umgebung des Übergangspunktes jedoch, das heißt, bei hinreichend kleiner Differenz $|T - T_c|$, müssen die Fluktuationen unbedingt berücksichtigt werden, was etwa auch zu einem anomalen Gang der Wärmekapazität, zu Abweichungen vom CURIEschen Gesetz $\chi \sim |T - T_c|^{-1}$ führt.

Eine konsequente Theorie der Phasenübergänge zweiter Art für dreidimensionale Systeme ist noch nicht vollständig entwickelt, obwohl für die Lösung dieser Aufgabe außerordentliche Anstrengungen unternommen wurden.[1]) Aber sie waren durchaus nicht umsonst — in den letzten Jahren wurde, wenn es auch nicht gelang, die Aufgabe bis zum Ende zu lösen, doch eine ganze Reihe wichtiger Resultate erzielt. Hierzu zählen in erster Linie die Ähnlichkeitsgesetze [24, 26], die es erlauben, die Temperaturabhängigkeit verschiedener Größen nahe dem Übergangspunkt T_c miteinander in Zusammenhang zu bringen. Aufgrund dieser Gesetze und bei Berücksichtigung bestimmter experimenteller Daten gelingt es zum Beispiel vorherzusagen, daß bei $T \to T_c$ in einer Reihe von Fällen die magnetische Suszeptibilität $\chi \sim |T - T_c|^{-\gamma}$ ist, worin $\gamma = \frac{4}{3}$ ist (anstelle von $\gamma = 1$ gemäß der Theorie von Weiss oder Landau).

Die Schaffung einer konsequenten Theorie der Phasenübergänge zweiter Art und der ihnen verwandten Übergänge unter Berücksichtigung der Unterschiede, die für die verschiedenen Umwandlungen charakteristisch sind, und auch die Verallgemeinerung aller Resultate für kinetische Prozesse nahe T_c bleibt eines der zentralen Probleme der Festkörperphysik. Es existiert zwar die Meinung, daß das Wesentliche hier schon getan ist, aber das betrifft nicht die vielen interessanten Spezialfälle.

Als Beispiele führen wir zwei hierbei entstehende konkrete Aufgaben an, deren Auswahl aus der Zahl der anderen vielleicht zufällig und nur durch die Interessen des Autors diktiert ist. Die erste Aufgabe ist das Verhalten von Helium II in der Nähe des λ-Punktes. In der Theorie der Suprafluidität von Landau wird angenommen, daß die Dichte ϱ_s der suprafüssigen Komponente des Heliums eine gewisse gegebene Funktion, sagen wir, der Temperatur T und des Druckes p ist. Aber im Rahmen einer allgemeinen Theorie der Phasenübergänge

---

[1]) L. D. Landau sagte mir einmal, daß er keiner anderen Aufgabe soviel Kraft widmete wie dem Versuch, das Problem der Phasenübergänge zweiter Art zu lösen.

zweiter Art kann die Dichte nicht vorgegeben werden, sie muß selber bestimmt werden aus der Bedingung, daß das thermodynamische Potential ein Minimum ist. Dieses Vorgehen [27] führt zu einer Reihe interessanter Folgerungen — zur Abhängigkeit von $T_c \equiv T_\lambda$ und der Wärmekapazität C von der Schichtdicke des Heliums II, zur Inhomogenität von ϱ_s nahe der festen Wand oder in der Nähe der Wirbelachse des Helium II und ähnlichen. Anscheinend entsprechen alle diese Ergebnisse der Realität, aber insgesamt sind die Theorie der Suprafluidität des Helium II in der Nähe des λ-Punktes und ihre experimentelle Überprüfung bei weitem noch nicht vollständig.

Das zweite Beispiel ist die Lichtstreuung in der Nähe der Punkte der Phasenübergänge zweiter Art, und konkret in der Nähe des $\alpha \rightleftharpoons \beta$-Umwandlungspunkts im Quarz [28—31]. Weil bei der Annäherung an T_c die Fluktuationen ansteigen, kann in diesem Gebiet eine Zunahme der Intensität der Streuung von Röntgenstrahlen, Neutronen und Licht erwartet werden. Eine ähnliche Erscheinung (die kritische Opaleszenz) ist schon seit langem im Fall des kritischen Punkts Flüssigkeit—Gas bekannt. Eine starke Erhöhung der Intensität des gestreuten Lichtes wurde auch im Quarz nahe dem Übergang aus der α- in die β-Modifikation, der bei einer Temperatur von $T_c = 846$ K erfolgt, beobachtet. Es schien, daß hier im Prinzip alles klar ist, aber im weiteren wurde geklärt [30], daß das Bild komplizierter ist und nicht durch die einfache Theorie beschrieben wird [29]. Anscheinend handelt es sich darum, daß in dieser Theorie „der Einfachheit halber" nicht der wesentliche Unterschied eines Festkörpers von einer Flüssigkeit berücksichtigt wurde, und insbesondere auch darum, daß Verschiebungsspannungen im Festkörper bei Deformationen [31] auftreten.

Unklar bleibt jedoch, in welchem Maß eine Theorie, die Verschiebungen berücksichtigt, den Beobachtungen entspricht [28, 30]. Die Lichtstreuung im Festkörper nahe den Punkten der Phasenumwandlungen bleibt zweifellos Objekt weiterer Untersuchungen. An der Nützlichkeit dieser Richtung ist kaum zu zweifeln, wenn man ihre breite Entwicklung und die Erfolge berücksichtigt, die mit der Untersuchung der Lichtstreuung in Flüssigkeiten und Festkörpern außerhalb des Gebiets der Phasenübergänge verbunden sind [32].

Abschließend bemerken wir, daß die angeführten Beispiele dennoch zu den alltäglichen oder klassischen Phasenübergängen gehören. In der letzten Zeit jedoch ziehen „exotische" Übergänge immer mehr Aufmerksamkeit auf sich, zum Beispiel der Phasenübergang des flüssigen ^{3}He in den suprafluiden Zustand [33], die Phasenübergänge im Exzitonen-„Stoff" in Halbleitern (siehe 1.4. oben), der Übergang in den suprafluiden Zustand in flüssigem Wasserstoff, Phasenumwandlungen in extrem dichtem Material, speziell in Neutronensternen (siehe 3.5. unten) und andere.

Wir erinnern auch an Phasenübergänge in Nichtquanten-Flüssigkeiten — in flüssigen Kristallen, in magnetischen Materialien (ferro- und antiferromagnetische Übergänge in der flüssigen Phase), an den seignetteelektrischen Übergang in einer Flüssigkeit (anscheinend gibt es eine solche Möglichkeit) und schließlich an Phasenübergänge oder verschiedene Anomalien (wie etwa die Änderung der Temperaturabhängigkeit der magnetischen Suszeptibilität, die in einem gewissen „Punkt" T_c entsteht) in zweidimensionalen und eindimensionalen Systemen.

Von allen diesen aufgezählten Übergängen verweilen wir etwas ausführlicher nur bei den Übergängen im flüssigen ^{3}He. Schon seit mehr als zehn Jahren wird die Möglichkeit diskutiert, daß ^{3}He-Atome in Paaren mit ganzem Spin „zusammenkleben" und im Resultat der Bose-Einstein-Kondensation in einen gewissen supraflüssigen Zustand übergehen können. Dieser Zustand ist analog dem supraleitenden Zustand, aber er muß wegen des Fehlens einer Ladung bei den ^{3}He-Atomen die Eigenschaft der Suprafluidität besitzen; man kann übrigens auch die Supraleitung als Suprafluidität bezeichnen, jedoch in einem System geladener Teilchen.

Früher wurde angenommen, daß das „Zusammenkleben" der ^{3}He-Atome zu Paaren unter dem Einfluß sehr schwacher VAN-DER-WAALS-Kräfte erfolgt und deshalb die Temperatur des suprafluiden Überganges sehr niedrig sein muß. Indessen wurde in den Jahren 1972—1973 geklärt [33], daß im flüssigen ^{3}He (zwar unter Drücken, die fast 34 atm erreichen) nicht nur ein, sondern sogar zwei Phasenübergänge auch bei sehr niedrigen, aber dennoch erreichbaren Temperaturen, die etwa $2{,}7 \cdot 10^{-3}$ K und $2{,}0 \cdot 10^{-3}$ K betragen, erfolgen. Heute ist bereits hinreichend sicher festgestellt, daß es sich tatsächlich um einen Übergang in supraflüssige Zustände handelt, die sich, grob gesprochen, voneinander durch den Gesamtdrehimpuls der „Paare" unterscheiden, wobei die Anziehung, die für ihre Bildung verantwortlich ist, anscheinend nicht durch VAN-DER-WAALS-Kräfte, sondern durch Kräfte zwischen den Spins der ^{3}He-Atome bedingt ist (es handelt sich um sogenannte Austauschkräfte, die zum Ferromagnetismus führen) [33e].

Die Untersuchung der Suprafluidität von ^{3}He (es muß leider gesagt werden, daß die Häufigkeit dieses Isotops um etwa 10^7 mal geringer ist als die des Isotops ^{4}He) bildet zweifellos ein neues Kapitel der Physik tiefer, oder besser gesagt, extrem tiefer Temperaturen.

Das Problem der Phasenübergänge insgesamt ist jedoch eine der Hauptrichtungen der Makrophysik.

1.6. Verhalten von Materialien in extrem hohen Magnetfeldern

Die charakteristische Energiedifferenz zwischen den Niveaus des Wasserstoffs ist

$$E_a \approx \frac{e^4 m}{2\hbar^2} \approx 10\,\mathrm{eV}. \tag{6}$$

Die Energiedifferenz zwischen den Niveaus eines freien nichtrelativistischen Elektrons im Magnetfeld ist

$$E_H \approx \frac{e\hbar H}{mc} \approx 10^{-8}\, H \text{ eV}, \tag{7}$$

worin die Spannung des Magnetfeldes H in Oersted gemessen wird (oder in Gauss, da man unter H mit demselben Erfolg auch die magnetische Induktion B verstehen kann); die Abschätzung (7) bezieht sich sowohl auf die Niveaus der Bahnbewegung als auch auf Spinniveaus (das magnetische Eigenmoment eines Elektrons ist $\mu = \frac{e\hbar}{2mc}$ und die Energiedifferenz zwischen Niveaus, die den Zuständen mit dem Spin parallel und antiparallel zum Feld entsprechen, ist gerade $2\mu H = \frac{e\hbar H}{mc}$).

Bis vor kurzem hatte man nur mit Magnetfeldern zu tun, die über atomare Dimensionen hinweg schwach sind, für die $E_H \ll E_a$ ist und folglich

$$H \ll \frac{e^3 m^2 c}{\hbar^3} = \left(\frac{e^2}{\hbar c}\right)^2 \frac{mc}{e\hbar}\, mc^2 \approx 3 \cdot 10^9 \text{ Oe}. \tag{8}$$

gilt.

Für schwere Elemente mit der Atomzahl Z ist die analoge Bedingung dafür, daß das Feld schwach ist, $H \ll 3 \cdot 10^9\, Z^3$ Oe, das heißt, sie kann nur bei noch wesentlich größeren Feldern verletzt werden. Deshalb wurde noch unlängst die Frage nach starken Feldern, für die

$$H \gtrsim 3 \cdot 10^9\, Z^3 \text{ Oe} \tag{9}$$

gilt, als recht abstrakt angesehen und zog keine besondere Aufmerksamkeit auf sich. Aber jetzt hat sich die Situation verändert.

Die in den Jahren 1967—1968 entdeckten Pulsare sind magnetisierte Neutronensterne, und nach Abschätzungen kann das Magnetfeld an ihrer Oberfläche 10^{13} Oe erreichen (siehe 3.5. unten). Somit befindet sich ein Stoff an der Oberfläche eines Pulsars oder in ihrer Nähe in einem starken Feld, selbst wenn man berücksichtigt, daß dieser Stoff möglicherweise im wesentlichen aus Eisen ($Z = 26$, $Z^3 \approx 20000$) besteht. In starken Feldern (siehe (9)) und besonders in extrem starken Feldern, für die $H \gg 3 \cdot 10^9 Z^3$ Oe ist, sind die Atome überhaupt nicht mehr den gewohnten Bildern, die wir uns von den Atomen in Abwesenheit eines Feldes oder in schwachen Feldern machen, ähnlich. Insbesondere wird die Elektronenwolke des Atoms in extrem hohen Feldern zu einer relativ schmalen Nadel, die in Richtung des Feldes gerichtet ist, auseinandergezogen. Unter ähnlichen Bedingungen ist es für zwei Atome (nehmen wir an, Eisenatome) energetisch günstiger, ein Fe_2-Molekül mit großer Bindungsenergie zu bilden. Die Gesamtheit gleichartiger Moleküle bildet wahrscheinlich, ebenfalls mit großer Bindungsenergie, eine Struktur vom Typ der Polymere (ausführlicher siehe [35] zum Verhalten eines Stoffes in starken Magnetfeldern). Gerade so muß auch die feste Oberfläche der Neutronensterne sein, wenn das Feld an ihrer Oberfläche hinreichend stark ist (wie gesagt, ist dies in einer Reihe von Fällen durchaus möglich). Diese Rinde verdampft nur mit großer Mühe oder wird nur schwer durch ein elektrisches Feld zerstört, was vielleicht sehr wesentlich für die Theorie der Pulsare ist [35, 36].

Pulsare befinden sich in großer Entfernung von uns, was die Untersuchung von Materialien in extrem starken magnetischen Feldern sehr erschwert. Und überhaupt interessiert sich die Mehrzahl der Physiker für „irdische“ Bedingungen, und Möglichkeiten, die sich in der Astrophysik eröffnen, bewegen sie wenig. Aber unabhängig davon ist die Frage ganz natürlich: Ist es nicht möglich, starke Felder unter Laboratoriumsbedingungen zu erzeugen und anzuwenden? Die Perspektiven in dieser Richtung geben anscheinend sogar dann, wenn es sich um Felder handelt, wie sie im Fokus extrem intensiver Laserstrahlung (siehe 1.7., 2.6.) erreicht werden, wenig

Anlaß zur Hoffnung. Die Situation ändert sich jedoch völlig, wenn man eine Modellierung, die Untersuchung der Wirkung extrem starker Felder im Fall der Exzitonen in Halbleitern, in Betracht zieht. Tatsächlich ist, wie wir sahen (siehe Formel (4)), die Bindungsenergie eines wasserstoffähnlichen Exzitons um den Faktor $\frac{m_{\text{eff}}}{m\varepsilon^2}$, das heißt in praktischen Fällen zum Beispiel 1000mal, geringer als beim Wasserstoffatom. Die Energie der Elektronen und Löcher jedoch, die mit ihrer Bahnbewegung verbunden ist, wird im Magnetfeld durch den Ausdruck (7), in dem m durch m_{eff} zu ersetzen ist, bestimmt. Hieraus ist ersichtlich, daß ein auf ein Exziton wirkendes magnetisches Feld schon bei der Bedingung

$$H \gtrsim 3 \cdot 10^9 \frac{m_{\text{eff}}^2}{m^2\varepsilon^2} \approx 3 \cdot 10^5\,\text{Oe} \left(\text{für } \frac{m_{\text{eff}}}{m} \approx 0{,}1,\ \varepsilon \approx 10\right)$$

als stark anzusehen ist [20], und manchmal sogar bei noch kleineren Feldstärken. Ähnliche Felder — wenn gewöhnlich auch im Impulsbetrieb — sind für das Experimentieren schon verfügbar. Somit gelingt es wahrscheinlich, den Exzitonen„stoff" in starken und sogar extrem starken Magnetfeldern zu untersuchen.

Die Aufnahme der Frage nach dem Verhalten eines Materials in starken magnetischen Feldern in unsere Liste der „besonders wichtigen Probleme" kann ebenso wie eine Reihe anderer Fälle Zweifel und Ablehnung hervorrufen. Meiner Meinung nach zeichnet sich dieses Problem jedoch durch seine Neuigkeit und seine Ungewöhnlichkeit aus — durch die Anwendung auf Neutronensterne und Exzitonen.

1.7. Raser, Gaser und Hochleistungslaser

Obwohl die „Verehrung" der Laser manchmal aussieht wie ein Tribut an die Mode, ist ihre gewaltige Bedeutung für die Entwicklung von Wissenschaft und Technik unbestreitbar. Es wurde auch, möglicherweise im Scherz, behauptet, daß nach dem Atomzeitalter das Laserzeitalter kam. Nichtsdestoweniger gibt es aus den in der Einleitung dargelegten Gründen keinen Anlaß, in diesem kleinen Buch speziell auf die Entwicklung der Lasertechnik oder auch die Anwendung und Ausnutzung der Laser einzugehen. Das gilt auch für die Frage der Selbstfokussierung und andere Probleme, die mit nichtlinearen Prozessen und Erscheinungen, zweifellos von vielen Gesichtspunkten aus interessant, verbunden sind.[1]) Es gibt aber die Ausnahmen, auf die in der Überschrift dieses Abschnitts hingewiesen wird und deren Erwähnung man bei einer Liste „besonders wichtiger physikalischer Probleme“ schwerlich umgehen kann.

Mit den existierenden Lasern wurde im Impulsbetrieb eine Leistung der Größenordnung 10^{12} W erreicht. Die Grenze für eine Fokussierung ist faktisch die Fläche $\lambda^2 \approx 10^{-8}\,\mathrm{cm}^2$, wobei $\lambda \approx 10^{-4}$ cm die Wellenlänge bekannter leistungsstarker Laser ist. Hierbei würde eine Leistungsdichte von $P \approx 10^{20}\,\dfrac{\mathrm{W}}{\mathrm{cm}^2}$ erreicht werden. Praktisch jedoch ist es gelungen, die Strahlung eines

[1]) Wir bemerken nebenbei, daß heute nicht leicht zu verstehen ist, warum der erste Laser erst 1960 arbeitete und nicht 40 Jahre früher, unmittelbar nachdem Einstein im Jahr 1917 klar den Begriff der induzierten Emission einführte [37]. Offenbar liegt dies daran, daß lange Jahre nur die prinzipielle Möglichkeit, eine Verstärkung von Strahlung auf Grund induzierter Emission zu erhalten, deutlich war. Aber der Verstärkungskoeffizient ist gewöhnlich klein, und als Schlüssel zur Schaffung eines Lasers diente der Übergang von der Verstärkung zur Oszillation auf Grund der mehrfachen Reflexion des Strahles an den Spiegeln, die das aktive Medium im Laser begrenzen. Der Übergang zur Idee eines Oszillators trug den Charakter einer Erfindung, die wesentlich leichter von Radiophysikern als von Optikern gemacht werden konnte.

Der Gerechtigkeit wegen muß betont werden, daß diese Bemerkung etwas einseitig ist. Zu häufig scheint es, daß die eine oder die andere gewaltige Entdeckung oder Erfindung schon früher hätte gemacht werden können, als es faktisch geschah (als klare Beispiele können hierfür die Effekte von Wawilow-Tscherenkow und Mössbauer dienen). Natürlich schmälert die „Verzögerung“ der Entdeckung oder der Erfindung keineswegs die Verdienste derjenigen, die sie schließlich machten.

leistungsstarken Lasers auf eine Fläche der Größenordnung $10^{-4}-10^{-5}\,\text{cm}^2$ zu fokussieren, woraus sich $P \approx 10^{16}-10^{17}\,\frac{\text{W}}{\text{cm}^2}$ ergibt. In diesem Fall beträgt die Spannung des elektrischen (und magnetischen) Feldes im Fokus $\mathcal{E} \approx 10^7$ CGS-E $\approx 3 \cdot 10^9\,\frac{\text{V}}{\text{cm}}$ (hierbei muß die Beziehung $P = \frac{c}{4\pi}\,\mathcal{E}^2$ für den Energiefluß des elektromagnetischen Feldes verwendet werden). Wie wir in 1.1. sahen, ist es für die Schaffung von Kernfusionsreaktoren mit Lasern notwendig, die Leistung der Laser um zwei bis drei Größenordnungen zu erhöhen, gar nicht zu reden von der Erhöhung des Wirkungsgrades auch um etwa zwei Größenordnungen. Allein diese Aufgabe ist sehr kompliziert und kann nicht als technische Aufgabe angesehen werden. Für ihre Lösung sind physikalische Untersuchungen erforderlich. Und ein ebenso echtes physikalisches Problem ist die Aufgabe der Erhöhung der Leistungsdichte bis zu Werten von $10^{26}-10^{27}\,\frac{\text{W}}{\text{cm}^2}$, die für eine hinreichend effektive Erzeugung von Elektron-Positron-Paaren im Vakuum erforderlich sind (siehe 2.1. unten).

Neben dem Aufbau von Lasern extrem hoher Leistung muß die Schaffung der Röntgen- und Gamma-Analoga des Lasers — diese kann man entsprechend Raser und Gaser nennen[1]) — zu den wichtigen und prinzipiellen physikalischen Problemen gezählt werden.

Auf dem Weg dorthin gibt es wahrhaftig gewaltige

---

[1]) Das Wort „Laser" ist aus den ersten Buchstaben des englischen Ausdrucks „light emission by stimulated emission of radiation" (Lichtverstärkung durch induzierte Emission von Strahlung) zusammengesetzt. Deshalb ist es nicht sehr folgerichtig, wenn man, wie es häufig geschieht, von „Röntgen-Lasern" oder von „Gamma-Lasern" spricht. Die hier vorgeschlagene Terminologie ergibt sich durch Ersetzen des Buchstabens „L", der „Licht" (light) bedeutet, durch „R" (Röntgen) oder „G" (Gamma). Ich ließ mich wahrscheinlich deshalb auf diese terminologische Übung ein, weil ich keine Idee zur Natur der

Schwierigkeiten. Erstens verringert sich der Verstärkungskoeffizient stark mit Abnahme der Wellenlänge, und deshalb ist es erforderlich, sehr große Pumpleistungen zu erreichen, die die notwendige Besetzung der angeregten Niveaus gewährleisten (wir erinnern daran, daß die induzierte Emission gewöhnlich bei Atom- oder Kernübergängen von angeregten Energieniveaus in tiefere Niveaus entsteht). Zweitens ist es im Röntgengebiet, schon gar nicht zu sprechen vom Gammabereich, sehr schwierig, einen guten Resonator (Reflektor) zu schaffen, der ein längeres Verweilen der Strahlung im Gebiet des angeregten Mediums gewährleistet (die Rolle eines solchen Resonators spielen in Lasern bekanntlich Spiegel an den Enden oder nahe den Enden des aktiven Mediums). Im Prinzip kann man natürlich auch ohne Reflektoren auskommen, aber dann muß entweder der Verstärkungskoeffizient groß sein oder aber die Dimensionen des Systems (des aktiven Mediums) müssen groß sein. Deshalb verbindet man den Aufbau von Rasern zum Beispiel mit der Verstärkung der Strahlung in sehr dichten relativistischen Elektronenstrahlen [38], die man im Prinzip aus Beschleunigern erhalten kann, die einen hohen Strom liefern. Gaser jedoch kann man vielleicht auf der Grundlage von MÖSSBAUER-Kernübergängen [39] mit ihren sehr schmalen Linien bei einer Besetzung des oberen Niveaus durch Einfang von Neutronen aus Kernexplosio-

---

Sache vorschlagen konnte und mir nicht überlegte, wie ein Raser oder ein Gaser geschaffen werden kann.

Da schon von der Terminologie die Rede ist, muß auch daran erinnert werden, daß es keine scharfe Grenze zwischen Röntgen- und Gammastrahlen gibt. Manchmal rechnet man zur Röntgenstrahlung Strahlung mit Photonenenergien kleiner als 100 keV (Wellenlängen kleiner als ungefähr 0,1 Å). Dann sind Gammastrahlen Strahlung mit größerer Energie. Aber wenigstens ebenso häufig unterscheidet man Röntgen- und Gammastrahlung nach ihrem Ursprung, wobei man annimmt, daß bei Kernübergängen immer Gamma-Photonen entstehen. Alle uns bekannten Vorstellungen über Raser und Gaser betreffen Energien, die etwa 10 keV nicht überschreiten, das heißt, Gammastrahlen heißen in diesem Fall Photonen, die bei Kernübergängen emittiert werden.

nen (so groß muß die Leistung der „Neutronenpumpe“ sein), bauen. Vielleicht werden auch noch irgendwelche neuen realen Wege einer anderen Lösung dieses Problems gefunden (entsprechende Forschungen werden schon durchgeführt [39]).

Bei derartigen Schwierigkeiten ist es schon erlaubt, überhaupt an der Möglichkeit der Schaffung von Rasern und Gasern, die von Interesse für physikalische Untersuchungen sind, zu zweifeln. Beruht doch der Erfolg der Laser in dieser Beziehung nicht nur auf Prinzipien (an der induzierten Emission in allen Bereichen kann nicht gezweifelt werden), sondern auf den Möglichkeiten, das gesamte Arsenal der Optik zu verwenden, und zugleich auf den bescheidenen Anforderungen an die Pumpleistung und die Eigenschaften des aktiven Mediums.

Aber wer weiß ... In der Geschichte der Physik gab es viele Fälle, in denen die Perspektiven für die Lösung einer Aufgabe fast hoffnungslos und phantastisch erschienen. Aber dann wurden neue Erscheinungen entdeckt (zum Beispiel die Spaltung schwerer Elemente), und das Hoffnungslose wurde schnell Reales und dann Triviales. Die Schaffung der Raser und Gaser wartet vielleicht auf irgendeinen „Durchbruch“ – auf die Geburt einer neuen Idee oder die Entdeckung einer neuen Erscheinung. Auch die Möglichkeit eines „traurigen Ausgangs“ kann übrigens nicht verneint werden. Dies wäre der Fall, wenn auf überzeugende Weise geklärt werden würde, daß die Schaffung hinreichend effektiver und für irgendwelche Ziele nützlicher Raser oder Gaser nicht real ist.

1.8. Untersuchung sehr großer Moleküle. Flüssige Kristalle. Einige Oberflächenerscheinungen

Die lange Überschrift dieses Abschnitts vereint drei Gruppen von Fragen, auf die ich eigentlich nicht eingehen wollte, die jedoch ihre Erwähnung verlangen.[1])

In der Biologie überwiegen gigantische Moleküle (Nukleinsäuren, Eiweiße), bei deren Untersuchung physikalische Methoden schon unüberschätzbare Dienste geleistet haben. Das ist jedoch noch zu wenig, es müssen neue effektive Methoden der Analyse des Baus großer Moleküle entwickelt werden, vor allem wenn ihre Konzentration sehr klein ist und sie sich in Lösungen oder Gemischen mit anderen Molekülen befinden [2]. Dies ist zweifellos eine ebenso schwierige wie wichtige physikalische Aufgabe.

Flüssige Kristalle — das ist eine große Klasse von Stoffen, die sich gleichzeitig im flüssigen und anisotropen Zustand befinden können (im flüssig-kristallinen Zustand fließt der Stoff zwar, aber er bleibt optisch anisotrop) — werden schon etwa 80 Jahre lang untersucht, aber bis in die jüngste Vergangenheit wurden sie eher als „Exotika" betrachtet. Das ist verständlich. Solange einfache Stoffe — feste und flüssige Körper mit relativ unkompliziertem Aufbau (chemischer Zusammensetzung, Struktur u. ä.) — wenig untersucht waren, bestand nicht viel Hoffnung, sich über den Aufbau wesentlich komplizierterer Stoffe klar zu werden. Im Fall flüssiger Kristalle gab es lange Zeit auch keine zusätzlichen Stimuli, die mit aussichts-

---

[1]) Das letzte kann auch über ein so altes Problem wie die Natur des Kugelblitzes gesagt werden. Das Spektrum der vorgelegten Erklärungen dieser Erscheinung ist ungeheuer breit (Plasmabildung, niederfrequente oder hochfrequente Entladung, optische Täuschung oder irgendein physiologischer Effekt im Auge, der nach dem Aufleuchten des Blitzes entsteht, und ähnliches, siehe [40] und die dort angeführte Literatur). Schon hieraus wird deutlich, daß die Frage nach der Natur des Kugelblitzes geheimnisvoll und völlig offen bleibt. Siehe jedoch [40 d].

reichen wichtigen wissenschaftlichen oder technischen Anwendungen im Zusammenhang stehen. Aber jetzt hat sich die Situation grundlegend geändert. Das „Einfache" in der Festkörperphysik und teilweise auch in der Physik der Flüssigkeiten ist schon mehr oder weniger geklärt, und die Konzentration auf die einfachsten Objekte und Prozesse kann vielleicht immer mehr mit der Situation aus der bekannten Anekdote über die Suche nach dem verlorenen Schlüssel unter der Lampe verglichen werden, die nur mit der Begründung geschieht, daß es an diesem Platz hell ist. Übrigens erwiesen sich flüssige Kristalle nicht nur als wichtig in der Biologie, sondern es ergab sich auch eine Reihe von wesentlichen technischen Anwendungen, die mit der starken Abhängigkeit einer Reihe von Eigenschaften dieser Stoffe von der Temperatur und der äußeren elektrischen und magnetischen Feldstärke zusammenhängen. So ist die Anzahl der Arbeiten über flüssige Kristalle sehr stark angewachsen; sie werden in den verbreitetsten und „ernsthaftesten" physikalischen Zeitschriften und nicht nur in Zeitschriften über physikalische Chemie oder dem speziellen Journal „Molecular crystals and liquid crystals", dessen Erscheinen auch symptomatisch ist, publiziert.

Schon seit langem ziehen Oberflächeneigenschaften, der Einfluß und die Rolle der Oberfläche und die Untersuchung von Festkörper-Oberflächen und Oberflächen von Flüssigkeiten die Aufmerksamkeit auf sich. Aber die Möglichkeit, wirklich reine und vollkommene Oberflächen zu erhalten, die Möglichkeit einer detaillierten Kontrolle und Untersuchung von Oberflächen [42] — alles das sind Errungenschaften der letzten Zeit. Gleichzeitig tritt durch Prozesse der Miniaturisierung in Technik und Technologie die Untersuchung von Oberflächenerscheinungen für praktische Anwendungen in den Vordergrund. Alles das läßt erwarten, daß in der nächsten Zeit das Gewicht der Untersuchungen von Oberflächenerscheinungen mit modernen Methoden und auf hohem Niveau stark zunimmt. Für die Physiker bedeutet dies wahrscheinlich, daß sie intensiv verschiedene Oberflächenanregungen untersuchen werden — Anregungen (von Phononen, Plasmonen, Exzitonen, Spinwellen u. ä.), die nahe der Oberfläche lokalisiert sind.

Es ergibt sich die Frage nach der Entdeckung der Oberflächenanaloga des Ferromagnetismus, der Seignetteelektrizität, des flüssig-kristallinen Zustandes, der Supraleitfähigkeit und der Suprafluidität. Für zwei Dimensionen unterscheiden sich einige Phasenübergänge, speziell die Erscheinungen der Supraleitung und der Suprafluidität, ihrem Charakter nach von den Übergängen im Volumen, das heißt für drei Dimensionen. Konkret, im zweidimensionalen System kann keine supraleitende oder suprafüssige und in einigen Fällen auch ferromagnetische Ordnung entstehen, das heißt, es bildet sich keine regelmäßige Anordnung (zum Beispiel fehlt die Parallelität der magnetischen Momente über größere Entfernungen). Für endliche, aber noch ausreichend große makroskopische Oberflächen ist jedoch eine Ordnung möglich. Außerdem sind zum Beispiel Supraleitfähigkeit und Suprafluidität auch bei Abwesenheit einer Fernordnung möglich (siehe [23]). Die Untersuchung der Ordnung und der verschiedenen mit ihr zusammenhängenden Erscheinungen in zweidimensionalen, aber auch in eindimensionalen Systemen (Polymerketten, Kanten von Flächen u. ä.) muß sehr große Aufmerksamkeit sowohl in allgemeintheoretischer Beziehung als auch in Anwendung auf verschiedenartige konkrete Objekte und Bedingungen auf sich ziehen.

Die drei in diesem Abschnitt erwähnten Probleme sind zweifellos weniger scharf beschrieben als die zuvor betrachteten. Das ist wahrscheinlich Schuld des Autors, der nicht die nötigen Argumente für die Erklärung, Begründung und Konkretisierung seiner Meinung fand, daß die Untersuchungen großer Moleküle und flüssiger Kristalle und auch einer Reihe von Oberflächenerscheinungen besonders wichtig seien. Er kann nur hinzufügen, daß es sich in diesen Fällen, vielleicht mit Ausnahme der flüssigen Kristalle, um die Suche nach prinzipiell neuen Methoden oder neuen Erscheinungen handelt, um die Ausweitung des Rahmens der makroskopischen Physik.

1.9. Superschwere Elemente (ferne Transurane)

Das schwerste in der Natur entdeckte Element — das Uran — besteht aus $Z = 92$ Protonen und $N = 146$ Neutronen (es handelt sich um ^{238}U). Im Jahr 1940 begann man mit der künstlichen Erzeugung von Transuranen durch den Beschuß schwerer Kerne (einschließlich der Kerne von Uran und Transuranen) mit Neutronen und verschiedenen Kernen. Zuerst wurde das Neptunium (Np_{93}) erzeugt, und ihm folgten Plutonium (Pu_{94}), Americium (Am_{95}), Curium (Cm_{96}), Berkelium (Bk_{97}), Californium (Cf_{98}), Einsteinium (Es_{99}), Fermium (Fm_{100}), Mendelejewium (Md_{101}) und die Elemente 102, 103, 104, 105 und 106. Die schwersten Transurane leben Sekunden oder sogar Bruchteile von Sekunden (die Kerne zerfallen unter Emission von α- und β-Teilchen oder durch spontane Spaltung). Eine grobe Extrapolation führt zu dem Schluß, daß sich die Elemente mit $Z \gtrapprox 108-110$ spontan mit einer so großen Geschwindigkeit spalten müssen, daß es wenig wahrscheinlich ist, daß man diese Elemente erhalten und untersuchen kann. Obwohl jedoch die Transurane 240—260 Teilchen (Nukleonen) enthalten und in dieser Beziehung an die Tröpfchen einer Flüssigkeit erinnern, ändern sich ihre Eigenschaften dennoch nicht monoton mit der Zunahme von Z oder, sagen wir des Parameters $\dfrac{Z^2}{A}$ (Massenzahl $A = Z + N$). Mit anderen Worten, Einteilchen- und Schaleneffekte sind merklich und manchmal sogar bei den schwersten Elementen wesentlich. Deshalb besteht Hoffnung auf die Möglichkeit der Existenz von relativ langlebigen Isotopen der Elemente mit $Z > 105$. Konkret stellt man sich vor [43, 44], daß das Element mit $Z = 114$ eine abgeschlossene

Schale besitzt, das heißt, daß 114 eine magische Zahl ist. Das Isotop $^{298}{}_{114}$ dieses Elements, das $N = 184$ Neutronen enthält, ist sogar doppelt magisch. Das bedeutet aber noch nicht, daß der Kern $^{298}{}_{114}$ der stabilste ist, weil alle möglichen Zerfallswege (spontane Spaltung, α- und β-Zerfall) berücksichtigt werden müssen. Spezielle Rechnungen führen zu dem Ergebnis, daß der Kern $^{298}{}_{114}$ die größte „Zählebigkeit" hat, er besitzt eine Halbwertszeit $T_{1/2} \approx 10^8$ Jahre.

Nach anscheinend allgemein anerkannter Meinung ist die Genauigkeit aller dieser Berechnungen nicht groß, und sie besitzen keinerlei quantitative Bedeutung. Aber die Möglichkeit selbst einer erhöhten Stabilität der Kerne im Bereich der Werte von $Z \approx 114$ und $N \approx 184$ erscheint wahrscheinlich, wobei sogar die Existenz einer hohen Stabilität einzelner Isotope oder auch nur eines von ihnen nicht ausgeschlossen ist. Im letzten Fall könnte ein solches Isotop auf der Erde, in Meteoriten oder in kosmischen Strahlen beobachtet werden. Außerdem kann man natürlich hoffen, mehr oder weniger stabile Isotope (sagen wir mit $T_{1/2} \gtrsim 1$ s) mit Methoden zu synthetisieren und zu entdecken, die im Fall bereits bekannter Transurane verwendet werden.

Die Suche nach fernen Transuranen wurde schon auf allen diesen Wegen durchgeführt. Eine derartige Suche besitzt nicht geringes Interesse für die Kernphysik und möglicherweise auch für die Astrophysik (schon gar nicht davon zu reden, daß sie den begeisterten Versuchen ähnlich ist, unbekannte oder als ausgestorben angenommene Tiere zu entdecken). Deshalb wird schwerlich irgendjemand etwas gegen die Aufnahme des Problems der supraschweren Elemente in unsere „Liste" einzuwenden haben. Die Frage ist nur, ob es erlaubt oder zweckmäßig ist, ein Problem der Physik des Atomkerns der makroskopischen Physik zuzuschreiben. Das ist natürlich eine Streitfrage, von der noch einmal im folgenden Abschnitt die Rede sein wird. Wesentlicher ist der Umstand, daß aus dem gesamten Gebiet der Kernphysik hier allein nur das Problem der superschweren Elemente auftritt, während auch andere Fragen, zum Beispiel die Isomerie der Kerne, die mit dem Unterschied ihrer Form zusammenhängt [45a], genannt werden können. Im allgemeinen ist der Atomkern ein sehr eigenartiges System, speziell deshalb, weil selbst in den schwersten Kernen nicht so sehr viele Teilchen (nicht mehr als 300) vorhanden sind. Deshalb spielen in Kernen Oberflächeneffekte eine wesentliche Rolle, und deshalb beobachtet man verschiedene Nichtmonotonien (Fluktuationen) in der Verteilung der Niveaus. Schließlich sind die Kernkräfte nur unzureichend bekannt, was die Kernphysik prinzipiell von der Atomphysik unterscheidet. Alles Gesagte muß man tatsächlich in Betracht ziehen, aber bedauerlicherweise half das dem Autor nicht, diesen Abschnitt interessanter zu machen. Anscheinend kann eine solche Aufgabe nur ein Spezialist auf dem Gebiet der Kernphysik lösen [45b].

2. Mikrophysik

2.1. Was hat man unter Mikrophysik zu verstehen?

Als wir über Makrophysik sprachen, war keinerlei Einleitung notwendig. Was man aber unter Mikrophysik verstehen will, muß man vereinbaren. Die Abmessungen eines Atoms ($\approx 10^{-8}$ cm) und umso mehr diejenigen eines Atomkerns ($\approx 10^{-13}$—10^{-12} cm) werden als mikroskopisch betrachtet, und von diesem Gesichtspunkt aus hat man atomare und nukleare Erscheinungen zur Mikrophysik zu rechnen. Aber faktisch verhält es sich nicht ganz so einfach.

Es ist wohl bekannt, daß man in der Physik (und nicht nur in der Physik) vom Kleinen und Großen nur im Vergleich zu irgendeiner Größe (Maßstab) sprechen kann, die man nicht als klein und nicht als groß ansieht. Im Fall der Länge (des räumlichen Abstands) erscheint es natürlich, als solchen Maßstab die charakteristische Abmessung des menschlichen Körpers, sagen wir das Meter, anzusehen. Jedoch sind im Vergleich zu einem solchen Maßstab nicht nur die Atome und Kerne sehr klein, sondern auch beispielsweise die Wellenlängen der optischen Strahlung und ebenso die Abmessungen einer Reihe künstlich hergestellter Objekte. Andererseits würde kaum jemand zustimmen, wenn man zur Mikrowelt dünne Schichten oder Drähte mit einem Durchmesser von der Größenordnung 1 μm rechnen würde. Dazu muß man ergänzen, daß im Vergleich mit dem Meter die Abmessungen der Erde und um so mehr der Abstand zwischen der Erde und der Sonne, der $1{,}5 \cdot 10^{11}$ m beträgt, sehr groß sind. Deshalb müßte man das Sonnensystem, wenn man nur vom Maßstabsverhältnis ausgeht, von Makroobjekten mit Abmessungen von der Größenordnung Meter ebenso unterscheiden wie Atome und Atomkerne.

Infolge solcher Überlegungen definiert man die Mikrowelt häufig als Wirkungsgebiet der Quantengesetze, während in der Makrowelt klassische Gesetzmäßigkeiten herrschen. Ein solcher Standpunkt erscheint als hinreichend tief, obwohl offensichtlich auch nur bedingt. So sind in einer Reihe von Fällen die klassischen Gesetze auch bei der Betrachtung von Stößen zwischen Nukleonen gut anwendbar, während andererseits manchmal die Quantengesetzmäßigkeiten das Verhalten makroskopischer Systeme bestimmen (wir erinnern beispielsweise an die Quantelung des magnetischen Stromes durch supraleitende Zylinder). Schließlich ist es wichtig zu unterstreichen, daß sich mit der Entwicklung der Wissenschaft ganz allgemein auch die Grenzen zwischen den verschiedenen Gebieten und Disziplinen ändern und daß sich ebenso der Inhalt verschiedener Begriffe ändert.

Dies alles gibt Veranlassung, die Grenze zwischen der Mikro- und der Makrophysik als geschichtliche Kategorie zu betrachten. Konkret erscheint es als vernünftig und gerechtfertigt, daß man heute die Atom- und Kernphysik in der Hauptsache schon zur Makrophysik und nicht mehr zur Mikrophysik rechnet.

Die Gründe dafür sind folgende. Erstens stellen Atome und Kerne Gesamtheiten von Teilchen und darüber hinaus Systeme dar, die nur aus einigen der verbreitetsten Teilchen (Protonen, Neutronen und Elektronen) bestehen. Zweitens ist für Atome und Kerne gewöhnlich die nichtrelativistische Näherung ausreichend, das heißt, es ist weitgehend die ausgezeichnet beherrschte nichtrelativistische Quantenmechanik anwendbar. Diese beiden Umstände verbinden die Atom- und die Kernphysik mit der Makrophysik.

Daß eine Verschiebung der Grenze, die Mikro- und Makrophysik trennt, natürlich ist, wird auch aus folgendem Beispiel deutlich: Vor der Erfindung des Mikroskops konnte man zum Gebiet der Mikroerscheinungen mit vollem Recht alles dem menschlichen Auge Unsichtbare rechnen. Danach wurde das im Mikroskop Unsichtbare, zum Beispiel einzelne Atome, mikroskopisch genannt. Jetzt, da atomare und in gewissem Umfang auch nukleare Maßstäbe schon beherrscht und unserem Gedankenblick[1]) genügend zugänglich sind, gibt es Gründe, als mikroskopisch nur das schlecht „Sichtbare" oder das völlig „Unsichtbare" anzusehen. Damit wird zur Mikrophysik fast vorbehaltlos jenes Gebiet gerechnet, das man Elementarteilchenphysik nannte und auch zur Zeit noch nennt, das jetzt jedoch häufig auch als Hochenergiephysik oder konkreter als Mesonenphysik, Neutrinophysik und dergleichen mehr bezeichnet wird.

Untersuchungsobjekte in der Mikrophysik sind folglich in der Hauptsache nur „einfachste", „elementare" Teilchen, ihre Wechselwirkung und deren Gesetze.

Wie wohl die Mehrzahl der Definitionen ist auch eine solche Definition und Auffassung der Mikrophysik bedingt

---

[1]) Übrigens gelingt es schon, einzelne Atome, man kann sagen unmittelbar, mit Hilfe des Feldionenmikroskops [46] und offenbar ebenfalls unter Benutzung eines speziellen Elektronenmikroskops [47] zu beobachten.

und willkürlich. Aber sie erscheint zumindest nicht weniger treffend und zulässig als andere Definitionen. Wie dem auch sei, weiter unten wird der Terminus „Mikrophysik“ im erwähnten Sinne benutzt. Die Mikrophysik erweist sich dabei, wie auch in der Vergangenheit, fast von selbst als das Untersuchungsgebiet, in dem die Unklarheiten das Fundament selbst und nicht nur den Überbau betreffen. Wenn man den Typ der Gesetzmäßigkeiten ins Auge faßt, dann dominiert in der Mikrophysik gegenwärtig (bei der angenommenen Definition) die relativistische Quantentheorie. Schließlich ist für die Mikrophysik, wenn man als Grundlage irgendeinen Abstand annimmt, zur Zeit eine Länge von der Größenordnung oder kleiner als 10^{-11} cm charakteristisch (für ein Elektron beträgt die COMPTON-Wellenlänge $\hbar/mc = 3{,}85 \cdot 10^{-11}$ cm und für Baryonen $\hbar/Mc \approx 10^{-14}$ cm).[1])

Bei alledem fällt es natürlich nicht leicht, die Kernphysik schon heute völlig zum Gebiet der Makrophysik zu rechnen.

Das Studium des Kerns ist einer der wesentlichen Wege zur Untersuchung der Wechselwirkung zwischen Nukleonen und ebenso zwischen Nukleonen und anderen Teilchen; relativistische Effekte in den Kernen sind ziemlich bedeutend, und überhaupt sind die Verbindungen der Kernphysik mit der Elementarteilchenphysik insgesamt zahlreich und eng [45b]. Deshalb eilte der Autor wahrscheinlich den Ereignissen ein wenig voraus, indem er die Tradition brach und die Kernphysik bei den makro-

---

[1]) Am tiefsten geht offenbar eine Klassifikation, die den Typ oder Charakter der Gesetzmäßigkeiten zur Grundlage hat. Deshalb erscheint gegenwärtig am konsequentesten die Trennung in drei Gebiete, in denen klassische Gesetze, die nichtrelativistische Quantenmechanik und schließlich die relativistische Quantentheorie vorherrschen. Die drei Gebiete könnte man Makrophysik, Mikrophysik und sagen wir Ultramikrophysik nennen. Aber das Konsequenteste erweist sich nicht immer als das Bequemste und Gewohnteste. Deshalb scheint es am besten zu sein, wenn man so vorgeht, wie dies im Text geschehen ist, das heißt wenn man, wie auch in der Vergangenheit, nur von Makro- und Mikrophysik spricht, aber dabei die Grenze zwischen ihnen ein wenig verschiebt.

skopischen Problemen unterbrachte. Jedoch hat eine derartige Frage der Klassifikation kaum wirklich Bedeutung, wenn man nur nicht gerade die Mikrophysik als „Salz der Erde“ und die Beschäftigung mit der Makrophysik als eine Tätigkeit zweiter Sorte ansieht. Ich selber, so versteht sich, vertrete nicht einen solchen seltsamen Standpunkt (obwohl man ihm dennoch manchmal begegnet) und teile die Überzeugung, daß nicht der Platz den Menschen schmückt, sondern der Mensch den Platz. Den Bojaren in Rußland maß man bekanntlich eine erstklassige Bedeutung bei, eben jenen Platz, auf welchem sie in Anwesenheit des Zaren „saßen“. In der Wissenschaft aber gibt es keinen Zaren, und der Kampf um Bojarenprivilegien und Plätze erscheint als höchst unangebracht (all denen, die diese Bemerkungen als „Blindschuß“ empfinden, empfehle ich, den Artikel von DYSON [2] zu lesen).

Die Schwierigkeiten, die auf dem Weg der Lösung fundamentaler Probleme der Mikrophysik stehen, sind denen analog, die bei der Aufstellung der Relativitätstheorie und der Quantenmechanik entstanden. Derartige Untersuchungen erfordern, selbst wenn sie vergleichsweise bescheidene Resultate liefern, außerordentliche Anstrengungen, Phantasie und Anspannung. Sie erzeugen eine besondere Atmosphäre und fordern vom Leben eine hohe Glut der Leidenschaften, verschiedener Leidenschaften ... Aber dies ist schon ein anderes Thema.[1])

---

[1]) Dies ist eher ein Thema für einen Schriftsteller, aber leider kann ich zur Zeit kein Beispiel einer völlig adäquaten Darstellung bringen. Man möchte in der Tat als lebhafte Illustration für den Charakter der Arbeit an fundamentalen Problemen die Worte bringen, mit denen EINSTEIN seine der Geschichte der Schaffung der Allgemeinen Relativitätstheorie gewidmete Lektion beendete [48]:

„Im Lichte bereits erlangter Erkenntnis erscheint das glücklich Erreichte fast wie selbstverständlich, und jeder intelligente Student erfaßt es ohne zu große Mühe. Aber das ahnungsvolle, Jahre währende Suchen im Dunkeln mit seiner gespannten Sehnsucht, seiner Abwechslung von Zuversicht und Ermattung und seinem endlichen Durchbrechen zur Wahrheit, das kennt nur, wer es selber erlebt hat.“

Hier beschränke ich mich auf die Feststellung der Tatsache, daß es meine Kraft übersteigt, den Inhalt und die Eigenart der Probleme der Mikrophysik adäquat wiederzugeben. Eine solche Aufgabe wird auch nicht gestellt: Weiter unten sind, mit noch größerer Bedingtheit als in den anderen Fällen, einige mikrophysikalische Probleme ausgewählt und nur ganz prinzipiell charakterisiert worden. Vielleicht hat gerade das unbefriedigende Gefühl bei der Darlegung des mikrophysikalischen Teils dieses Büchleins den Autor bewogen, diesen Abschnitt und ebenso den Abschnitt 2.7. zu schreiben, ohne die man wahrscheinlich gut auskommen könnte. Zum Glück werden Probleme der Mikrophysik sehr oft und kompetent beleuchtet, so daß wir etwas haben, worauf wir die Leser verweisen können (siehe [1,49—57] und eine Reihe von Zitaten weiter unten).

2.2. *Spektrum der Massen* (*dritte Spektroskopie*)

Bis zum Jahr 1932 waren nur drei „elementare" Teilchen bekannt: Elektron, Proton und Photon. Danach wurden Neutron, Positron, $\mu^{\pm}$-Mesonen, $\pi^{\pm}$- und π^{0}-Mesonen, schwerere Mesonen, Hyperonen, Teilchenresonanzen, Elektronen- und Myonenneutrino und Antineutrino entdeckt. Einige dieser Teilchen sind nicht weniger (aber auch nicht mehr) elementar als Proton oder Elektron. Andere (beispielsweise Hyperonen und Teilchenresonanzen) erscheinen eher als angeregte Zustände leichterer Teilchen. Die Mehrheit der Teilchen ist instabil, sie wandeln sich ineinander um und sind von „Wolken" virtueller Teilchen umgeben (beispielsweise sind Nukleonen in π-Mesonen-„Pelze" eingehüllt). Somit werden die Begriffe der Elementarität und Kompliziertheit der Teilchen selbst höchst nichtelementar und kompliziert. Unsere Darlegung ist ohnehin mit Vorbehalten und Definitionen übersättigt, weshalb ich nicht versuchen werde, die Frage der Elementarität oder Kompliziertheit der Teilchen, mit denen es die Mikrophysik zu tun hat, ausführlicher zu diskutieren. Diese Teilchen werden durch Masse, Spin, Ladung, Lebensdauer und eine Reihe anderer Größen und Quantenzahlen charakterisiert [49, 58].

Der Übergang von Vorstellungen über die Materie, nach denen sie aus wenigen einfachsten „Bausteinen“ (solchen wie Elektron, Proton und Neutron) besteht, zum modernen Bild, in dem es einige Familien von Teilchen, nämlich Baryonen, Mesonen und Leptonen gibt, kann offenbar als wichtigste Errungenschaft der Physik während der letzten zwanzig bis dreißig Jahre angesehen werden. Zugleich werden die genannten Charakteristika einzelner Teilchen (Zustände) wie früher im Experiment gefunden oder bestenfalls auf der Grundlage einiger halbempirischer Gesetzmäßigkeiten und Formeln vorausgesagt. Somit kann man als noch längst nicht gelöste Hauptaufgabe der Mikrophysik die Schaffung einer Theorie ansehen, die es zumindest im Prinzip erlauben würde, die Massen und alle anderen Parameter der existierenden Teilchen zu berechnen. Der Einfachheit halber nennt man dieses Problem häufig auch die Aufgabe der Bestimmung des Massenspektrums, wobei alle verstehen, daß keineswegs nur die Massen der Teilchen, sondern auch ihre anderen Charakteristika[1]) gemeint sind.

Der gegenwärtige Zustand des Problems des Massenspektrums entspricht dem Zustand der Atomspektroskopie vor dem Erscheinen der Bohrschen Atomtheorie. Auch damals waren einige spektrale Gesetzmäßigkeiten bekannt (in erster Linie die Balmer-Formel), aber sie waren nicht theoretisch abgeleitet. Zur Zeit ist die Lage im Gebiet der dritten Spektroskopie[2]), was die sicher

---

[1]) Außerdem sind die Unterschiede, die zum Beispiel zwischen Baryonen und Leptonen existieren, qualitativ und tiefer als etwa die zwischen Baryonen mit unterschiedlichen Massen.

[2]) Wir benutzen hier die erfolgreich und anschaulich erscheinende Terminologie [49], wonach Atom- und Molekülniveaus zur ersten Spektroskopie, Kernniveaus zur zweiten Spektroskopie und Niveaus der „elementaren“

aufgestellten quantitativen Gesetzmäßigkeiten betrifft, etwa ebenso oder ein wenig besser, aber sie kann offenbar keinen Vergleich mit der Situation aushalten, die in der Atomphysik nach der Schaffung der Quantentheorie entstand.

Das Problem des Massenspektrums ergab sich schon, als vor einem halben Jahrhundert die Frage nach den Gründen für die Massenunterschiede des Protons und des Elektrons gestellt wurde. Danach begann man, es im Zug der Schaffung einer relativistischen Teilchentheorie mit angeregten Zuständen zu diskutieren. Zur Zeit hat das Problem des Massenspektrums nach der Anhäufung von Kenntnissen über solche Zustände und überhaupt experimenteller Daten im Gebiet der dritten Spektroskopie offenbar zumindest schon ein empirisches Fundament. Aber im Gebiet der Theorie kann man, wie mir scheint, nicht über irgendeinen echten Erfolg sprechen, weil Errungenschaften vom Typ der Systematik und Klassifikation der Teilchen [49, 50], wie wichtig sie auch sein mögen, noch keinen fundamentalen Charakter tragen.

Auf verschiedenen Wegen wurde versucht, das Problem des Massenspektrums zu lösen. Einer dieser Zugänge ist die Schaffung relativistischer Modelle für Kreisel, Oszillatoren und ähnliches [59]. Eine andere Richtung ist die einheitliche Feldtheorie der Elementarteilchen [60], die auch Theorie der Urmaterie genannt werden kann, weil der Versuch gemacht wird, als Grundlage ein gewisses primäres Spinorfeld mit Spin $^1/_2$ zu nehmen. Die dritte Richtung bilden Ideen über den sogenannten „Bootstrap“ was bedeutet, daß alle stark wechselwirkenden Teilchen auseinander „bestehen“, wobei sie alle auf demokratische Weise mit gleichen Rechten auftreten. Die vierte Richtung stellen Versuche dar, Baryonen und Mesonen als

---

Teilchen zur dritten Spektroskopie zu rechnen sind (übrigens wird der Terminus „dritte Spektroskopie“ in [49] hauptsächlich nur auf das Baryonenspektrum angewendet).

Teilchen anzusehen, die aus unterschiedlichen Kombinationen dreier Grundteilchen, der Quarks [49, 54], bestehen. Im freien Zustand wurden Quarks nicht aufgefunden, und die Theorie gebundener Quarks kam nicht aus den Windeln heraus. Trotzdem spiegelt die Hypothese der Quarks, bei der es sich in der Ausgangsvariante darum handelt, daß Baryonen und Mesonen aus Teilchen (Quarks) mit den Ladungen $-{}^1/_3 e$ und ${}^2/_3 e$ (e ist die Ladung eines Protons oder Positrons) „zusammengeklebt" sind, offenbar etwas wider. Die Einführung der Quarks erlaubte in der Tat nicht nur recht anschaulich eine Reihe „statischer" Eigenschaften der Baryonen- und Mesonenfamilie zu beschreiben (gemeint sind die Quantenzahlen und die magnetischen Momente), sondern sie erwies sich auch als geeignet zum Verständnis einer Reihe „dynamischer" Eigenschaften (Streuung der Teilchen aneinander und ihre Umwandlung).

Hier schließt sich eng die Vorstellung über die Protonen an, die im Resultat von Experimenten zur Streuung von Elektronen mit hoher Energie (bis zu 20 GeV) an Protonen und Neutronen entstand [54]. Die Resultate dieser Experimente geben Veranlassung zu der Annahme, daß Nukleonen nicht nur eine innere Struktur besitzen (dies ist schon verhältnismäßig lange bekannt), sondern daß sie als Bestandteile auch quasipunktförmige Gebilde enthalten, die auch Partonen genannt wurden. Genauer gesagt, geht die Streuung von Elektronen an Nukleonen in gewisser Beziehung so vonstatten, als ob in der Zusammensetzung der Nukleonen „punktförmige" (hinreichend kompakte) streuende Zentren enthalten wären. Die Situation ist hier jener ähnlich, die vor mehr als 60 Jahren im Ergebnis von Experimenten zur Streuung von Alphateilchen an Atomen entstand, denn gerade auf diesem Weg wurde die Existenz des Atomkerns bewiesen. Die Rolle der Partonen könnten die Quarks spielen, doch ist dies in keiner Weise bewiesen. Dabei gibt es, wie auch im Rahmen der oben erwähnten Versuche, die Vorstellung über die Quarks zum Verständnis des Baus der Baryonen und Mesonen heranzuziehen, keinerlei Gründe oder Daten zugunsten dessen, daß Quarks (oder Partonen, wenn sie von den Quarks verschieden sind) im freien Zustand existieren können. Es entsteht im Gegenteil der Eindruck, daß stark wechselwirkende Teilchen, die Hadronen) Baryonen und Mesonen), komplizierte dynamische Systeme darstellen, die gemeinsame Züge mit Atomen und Atomkernen besitzen, jedoch qualitativ unterschiedliche Züge eben im Sinn ihrer Unteilbarkeit in selbständige Bestandteile. Ein solches Herangehen erscheint als überaus tief[1]). Die gesamte Atomistik ging den Weg der Einführung immer neuer primärer Bausteine der Stoffe (Moleküle, Atome, Atomkerne und Elektronen, Nukleonen); Quarks wären noch eine weitere Etappe auf diesem Weg, und wenn dies so fortgesetzt wird, dann entstünde die Frage: woraus bestehen Quarks? Als tief und zugleich natürlich hinsichtlich einer Reihe von Erwägungen erscheint gerade deshalb der Gedanke, daß die unbegrenzte und mechanische Wiederholung des Teilungsprozesses des Stoffs irgendwo aufhört, und zwar auf nichttriviale Weise: Baryonen und Mesonen bestehen möglicherweise gleichzeitig aus Teilen (vom Typ irgendwelcher Quarks) und bestehen nicht aus ihnen. So nämlich kann man die Situation beschreiben, bei der die Bestandteile nicht für sich selbst (im freien Zustand) existieren können, sich aber trotzdem in einer Reihe von Beziehungen analog dem Kern im Atom oder den Nukleonen im Kern verhalten.

Wir werden dieses Thema hier nicht weiter entwickeln, obwohl es höchst vielseitig ist und von verschiedenen Aspekten aus diskutiert werden kann. Erwähnt sei ledig-

[1]) Wir benutzen die Gelegenheit, um hier die N. BOHR zugeschriebene Definition einer tiefen Behauptung oder Bemerkung anzuführen: „Um zu definieren, welche Behauptung tief ist, muß man vorher definieren, was eine klare Behauptung ist. Eine Behauptung wird für klar gehalten, wenn die gegenteilige Behauptung entweder richtig oder falsch ist. Eine tiefe Behauptung sollte über die Eigenschaft verfügen, daß die entgegengesetzte Behauptung ebenfalls tief ist" [117].

lich ein unerwartetes und keineswegs triviales Herangehen an das Problem der „Urmaterie“, die Idee der Friedmonen, die die Makrowelt (und sogar das Weltall) mit der Mikrowelt und den Elementarteilchen verbindet. Wie aus der Allgemeinen Relativitätstheorie folgt, besitzt eine abgeschlossene FRIEDMAN-Welt, die als Modell des Weltalls dienen kann (siehe weiter unten 3.3.), eine Gesamtmasse und eine Gesamtladung gleich Null (die Masse ist deshalb gleich Null, weil die Ausgangsmasse der die Welt bildenden Teilchen durch den Gravitationsmassendefekt im Resultat der Gravitationswechselwirkung zwischen den Teilchen kompensiert wird). Wenn man eine „halbgeschlossene“ Welt betrachtet, die, grob gesagt, aus einer fast geschlossenen Welt besteht, durch einen „Schlund“ mit dem unendlichen Raum, der keinen Stoff enthält, verbunden, dann kann ihre Masse und Ladung äußerst klein sein.[1]) Somit kann sich für einen äußeren entfernten Beobachter eine ganze Welt als kleines Teilchen, das Friedmon, darstellen. Im Rahmen der klassischen Theorie sind Masse, Ladung und andere Parameter (Spin) des Friedmons nicht bestimmt, und die Quantentheorie der Friedmonen ist noch nicht aufgestellt. Man kann jedoch hoffen, daß in der Quantentheorie die Friedmonen die Parameter der Elementarteilchen besitzen werden. Es versteht sich, daß dies bisher nur eine phantastische Möglichkeit, eine Hoffnung, ein Traum, ist. Aber sie weist derart kühn den Weg der Vereinigung der Gegensätze von Makro- und Mikrowelt, daß sie schon deshalb Aufmerksamkeit verdient. Dafür gibt es auch andere, konkretere Gründe, besonders, wenn man im weiten Sinne über die Verbindung der Mikrophysik mit der Allgemeinen Relativitätstheorie und ihre noch nicht geschaffene Quantenverallgemeinerung spricht (siehe ebenfalls 3.3.).

---

[1]) Eine ausführlichere und klarere Erläuterung würde viel Platz in Anspruch nehmen und würde den Stil der Darlegung stören. Deshalb beschränken wir uns auf einige Bemerkungen, die nur dem eingeweihten Leser verständlich sein werden. Die anderen Leser verweisen wir auf die Artikel [61, 62].

Weiter oben richteten wir unser Augenmerk auf stark wechselwirkende Teilchen (Hadronen, d. h. Baryonen und Mesonen). Ein wenig abgesondert steht das nicht minder wichtige und interessante Problem des Massenspektrums der Leptonen (Elektronen und Positronen, $\mu^{\pm}$-Mesonen und Neutrinos). Insbesondere wird die Ursache für den Massenunterschied von Elektron und μ-Meson schon lange als ein Rätsel angesehen und bleibt es auch weiterhin. Wir erwähnen gleichfalls, daß die Existenz einiger „exotischer" Teilchen, die nicht zu den bekannten Familien gehören, nicht ausgeschlossen ist. Zu solchen Teilchen zählen zum Beispiel magnetische Monopole und Tachyonen, das sind hypothetische Teilchen, die sich mit einer Geschwindigkeit größer als die Lichtgeschwindigkeit im Vakuum bewegen. Wie die Monopole, so versuchte man auch schon die Tachyonen zu finden, bisher erfolglos. Sehr wahrscheinlich können solche Teilchen (insbesondere Tachyonen) nicht existieren, aber es ist charakteristisch, daß beim gegenwärtigen unbefriedigenden Zustand der Elementarteilchentheorie diese natürlicherweise fast nichts verbieten kann. Als wichtiges Beispiel erwähnen wir noch die Hypothese des Vektorbosons oder W-Teilchens, das für die schwache Wechselwirkung verantwortlich sein soll (bis vor kurzem nahm man noch an, daß die Leptonen mit den Hadronen durch „schwache Kräfte" sozusagen unmittelbar wechselwirken; wenn jedoch entsprechende „Vektorbosonen" existieren, dann geht die schwache Wechselwirkung in zwei Etappen vonstatten: Hadronen, das heißt Baryonen und Mesonen, wechselwirken mit den Vektorbosonen und letztere mit den Leptonen). Im Fall der Existenz von Vektorbosonen ist offenbar die berühmte Vereinigung der elektromagnetischen und der schwachen Wechselwirkung möglich, das heißt, ihre Zurückführung auf eine „Urwechselwirkung" (im Ergebnis erweisen sich die Konstanten der elektromagnetischen und schwachen Wechselwirkung als miteinander gekoppelt, siehe [57c]).

Nicht ein einziger Versuch, das Problem des Massenspektrums zu lösen, führte, wie schon gesagt, zu einem echten Erfolg. So stehen die Dinge schon Jahrzehnte, und keiner kann vorhersagen, wann schließlich „das Eis gebrochen wird". Aber irgendwann findet dies statt, und ungeachtet aller Enttäuschungen erwartet man dieses historische Ereignis mit unverminderter und gespannter Aufmerksamkeit.

2.3. Fundamentallänge (quantisierter Raum u. ä.)

In der Speziellen und Allgemeinen Relativitätstheorie, in der nichtrelativistischen Quantenmechanik und in der existierenden Theorie der Quantenfelder wird die Vorstellung vom stetigen, dem Wesen nach klassischen Raum und von der stetigen Zeit benutzt (ein Punkt der Raum-Zeit wird durch die vier Koordinaten $x_i = x, y, z, ct$, die eine stetige Folge von Werten annehmen können, charakterisiert). Aber ist ein solches Herangehen immer erlaubt? Woher folgt, daß im „Kleinen" Raum und Zeit nicht ganz anders werden, irgendwie „körnig", diskret, gequantelt? Diese Frage ist keinesfalls neu und wurde offenbar erstmals von RIEMANN schon im Jahr 1854 gestellt [63] und danach mehrfach diskutiert. So sagte EINSTEIN im Jahr 1921 in seiner bekannten Lektion „Geometrie und Erfahrung" [64]:

„Die hier vertretene physikalische Interpretation der Geometrie versagt zwar bei ihrer unmittelbaren Anwendung auf Räume von submolekularer Größenordnung. Einen Teil ihrer Bedeutung behält sie indessen auch noch den Fragen der Konstitution der Elementarteilchen gegenüber. Denn man kann versuchen, denjenigen Feldbegriffen, die man zur Beschreibung des geometrischen Verhaltens von gegen das Molekül großen Körpern physikalisch definiert hat, auch dann physikalische Bedeutung zuzuschreiben, wenn es sich um die Beschreibung der elektrischen Elementarteilchen handelt, die die Materie konstituieren. Nur der Erfolg kann über die Berechtigung eines solchen Versuches entscheiden, der den Grundbegriffen der RIEMANNschen Geometrie über ihren physikalischen Definitionsbereich hinaus physikalische Realität zuspricht. Möglicherweise könnte es sich zeigen, daß diese Extrapolation ebensowenig angezeigt ist wie diejenige des Temperaturbegriffes auf Teile eines Körpers von molekularer Größenordnung."

Die hier klar formulierte Frage der Grenzen der Anwendbarkeit der RIEMANNschen Geometrie (das heißt im wesentlichen der makroskopischen oder klassischen geometrischen Vorstellungen) ist bis heute ohne Antwort geblieben. Mit dem Vordringen in das Gebiet immer höherer Energien und folglich immer „näherer" Stöße verschiedener Teilchen (siehe weiter unten 2.4.) vermindern sich die Abmessungen des nichterforschten Gebiets des Raums. Zur Zeit kann man wohl feststellen, daß bis zu Abständen von der Größenordnung 10^{-15} cm die gewöhnlichen räumlichen Beziehungen richtig sind oder genauer, daß ihre Anwendung nicht zu Widersprüchen führt. Im Prinzip ist es nicht ausgeschlossen, daß es überhaupt keine Grenze gibt, aber dennoch ist die Existenz irgendeiner Fundamentallänge (Elementarlänge) $l_0 \lesssim 10^{-16}-10^{-17}$ cm, die die Möglichkeit der klassischen räumlichen Beschreibung begrenzt, bedeutend wahrscheinlicher. Darüberhinaus erscheint es gegenwärtig als vernünftig anzunehmen, daß die Fundamentallänge l_0 jedenfalls nicht kleiner als die Gravitationslänge $l_0 = \sqrt{G\hbar/c^3} \approx 10^{-33}$ cm ist (siehe weiter unten 3.3.).

Das Problem der Fundamentallänge wird in verschiedenen Formen und Varianten schon viele Jahre diskutiert (diese Länge geht in die Theorie der Urmaterie [60], in verschiedene Varianten der Theorie des gequantelten Raumes [65] und andere Theorien ein). Mit dem Problem der Fundamentallänge ist die Frage nach einer möglichen Kausalitätsverletzung in der Mikrowelt (oder, wie man auch sagt, einer Verletzung der Mikrokausalität; siehe [66]) eng verknüpft und gleichfalls eine Reihe anderer

Richtungen in der Mikrophysik sowie das Problem der Singularitäten in der Allgemeinen Relativitätstheorie und Kosmologie (siehe weiter unten 3.3.). Wenn irgendeine Fundamentallänge existiert, dann ist natürlich anzunehmen, daß sie eine Rolle und sogar eine wesentliche Rolle auch für die Lösung des Problems des Massenspektrums spielt. Die Fundamentallänge würde wahrscheinlich als „Abschneide"-Faktor dienen, den die existierende Quantenfeldtheorie mehr oder minder benötigt. In einer Theorie, die die Fundamentallänge enthält, würden der Idee nach von selbst die divergierenden Ausdrücke verschwinden.

In experimenteller Hinsicht ist die Suche nach einer Fundamentallänge gekoppelt mit Untersuchungen von Teilchenstößen bei immer höheren und höheren Energien und mit der Durchführung superpräziser Messungen verschiedener Größen bei geringeren Energien. Allgemein gesprochen, ist die Nichtübereinstimmung der existierenden Theorie (vom Typ der Quantenelektrodynamik) mit dem Experiment ein Hinweis auf eine mögliche Verletzung der benutzten Raum-Zeit-Vorstellungen und die Notwendigkeit der Einführung einer Fundamentallänge.

2.4. *Wechselwirkung von Teilchen bei hohen und extrem hohen Energien*

Die Erforschung der Wechselwirkung von Teilchen bei hohen und extrem hohen Energien dient einer ganzen Reihe von Zielen: dem „Vortasten" bezüglich der Struktur der Teilchen und des Raumes selbst in kleinen Abmessungen, dem Auffinden immer neuer und neuer Teilchenresonanzen (angeregter Baryonen und Mesonen), der Bestimmung der Energieabhängigkeit der Querschnitte für die elastische und inelastische Streuung. Bei Stößen eines Nukleons mit einem Nukleon wird der Abstand

$$l = (\hbar/m_\pi c)\,(Mc^2/Ec) \qquad (10)$$

erreicht, worin $\hbar/m_\pi c \approx 10^{-13}$ cm die COMPTON-Wellenlänge des π-Mesons, M die Masse des Nukleons ($Mc^2 \approx 1$ GeV) und E_c die Energie des Nukleons im System des Massenzentrums bedeuten (ausführlicher siehe z. B. [67, 68]). Wenn eines der Nukleonen ruht und das andere eine Energie $E = \sqrt{M^2c^4 + c^2p^2}$ besitzt, dann gilt

$$E_c = \sqrt{{}^1/_2(E + Mc^2)\, Mc^2}. \tag{11}$$

Gegenwärtig wird in Beschleunigern eine Energie von $E \approx 75$ GeV (Serpuchow, UdSSR) und $E \approx 500$ GeV (Batavia, USA) erreicht. Sogar bei $E \approx 500$ GeV ist offensichtlich $E_c \approx 15$ GeV und $l \approx 5 \cdot 10^{-15}$ cm. In kosmischen Strahlen treten Teilchen mit Energien bis zu $E \approx 10^{20}$ eV auf, aber praktisch gelingt es kaum, kosmische Protonen mit einer Energie $E \gtrapprox 10^{15}$ eV zur Analyse individueller Stoßakte auszunutzen; dabei ist $E_c \lessapprox 10^3$ GeV und $l \gtrapprox 10^{-16}$ cm (einige Erkenntnisse über die Wechselwirkungsgesetze der Teilchen untereinander in kosmischen Strahlen kann man auch für größere Energien, besonders im Gebiet $E \lessapprox 10^{17}$ eV, erhalten). Bei der Beschleunigung von gegenläufigen Strahlen stoßen Teilchen zusammen, die sich entgegengesetzt zueinander bewegen. Wenn jedes dieser Teilchen eine Energie E' und eine Ruhmasse M besitzt, dann fällt das System des Massenzentrums mit dem Laborsystem zusammen, wobei $E_c = E'$ ist. Unlängst wurden in Europa gegenläufige Teilchenstrahlen mit $E' = 25$ GeV erhalten. Wenn es darum geht, denselben Wert E_c zu erhalten, dann ist dieses Experiment der Benutzung eines Protonenbündels mit der Energie

$$E = \frac{2(E')^2}{Mc^2} - Mc^2 \approx 1250 \text{ GeV} \tag{12}$$

äquivalent, das mit einem unbeweglichen Wasserstofftarget zusammenstößt. In überschaubarer Zukunft kann damit gerechnet werden, daß Werte $E' = E_c \approx 500$ GeV erreicht werden, was einer Energie

$$E \approx \frac{2(E')^2}{Mc^2} \approx 5 \cdot 10^5 \,\mathrm{GeV} = 5 \cdot 10^{14} \,\mathrm{eV} \tag{13}$$

entspricht. Jedoch ist auch in diesem Fall der Abstand

$$l = \frac{\hbar}{m_\pi c} \frac{Mc^2}{E_c} \approx 10^{-16} \,\mathrm{cm}, \tag{14}$$

so daß die Erforschung von Abständen $l < 10^{-16}$ cm auch bei Benutzung der Methode der gegenläufigen Teilchenstrahlen sehr schwierig bleibt.

Wir vermerken nebenbei, daß die kolossalen Schwierigkeiten, mit denen häufig die Erforschung von Teilchen mit sehr hohen Energien, kleinen Lebensdauern und ähnlichem verbunden ist, die Entwicklung neuer Methoden und Verfahren der Beschleunigung und des Nachweises von Teilchen stimuliert. Der Fortschritt beim Schaffen von Beschleunigern und Nachweiseinrichtungen (Blasen- und Funkenkammern, verschiedenen Zählern usw.) ist höchst beeindruckend. In dieser Hinsicht muß überhaupt unterstrichen werden, daß die Mikrophysik, abgesehen von allem übrigen, die Physik insgesamt im Zuge der Entwicklung der Methoden und Technik des Experiments befruchtet und bereichert.

Bei Stößen von Teilchen, die keine starke Wechselwirkung erleiden (Myonen, Elektronen, Photonen), ist die kleinste bei Stößen figurierende Länge von der Größenordnung der Wellenlänge im System des Massenzentrums, das heißt $l = \frac{\hbar c}{E_c} = \frac{\hbar}{m_i c} \frac{m_i c^2}{E_c}$ (hier ist $E_c \gg m_i c^2$, wobei m_i die Masse der stoßenden Teilchen bedeutet), und die Möglichkeit, kleine Abstände zu erreichen, sind ein wenig günstiger als im Fall von Nukleonen. Außerdem gelingt es bei hoher Meßgenauigkeit und sorgfältigem Vergleich mit der Theorie, allgemein gesprochen, sich in Abstände „vorzutasten“, die ein wenig kleiner sind als die einfach auf der Grundlage der durchgeführten groben

Abschätzungen erhaltenen Abstände. Aber trotzdem ist klar, wie schwierig die Grenze $l \approx 10^{16}$—10^{-17} cm (bei $E_c = 1000$ GeV ist die Länge $l = \hbar c/E_c \approx 1{,}5 \cdot 10^{-17}$ cm) zu überschreiten ist.

Der Vergleich der Streutheorie mit dem Experiment bei immer höheren Energien bildet, neben der Untersuchung immer neuer Resonanzzustände für Baryonen und Mesonen und der Bestimmung verschiedener effektiver Streuquerschnitte, die Hauptaufgabe der Hochenergiephysik. Bei großen Energien findet dabei nicht nur Streuung und Erzeugung einzelner Teilchen statt, sondern es wird in erster Linie auch Vielfacherzeugung von Teilchen beobachtet. Die Vielfacherzeugung besitzt ihre Spezifik, die man mit Hilfe statistischer und hydrodynamischer Methoden zu berücksichtigen versucht [53]. Das Gesagte bezieht sich in der Hauptsache auf Stöße stark wechselwirkender Teilchen, der Hadronen (Baryonen und Mesonen), und es ist deshalb besonders notwendig, die Wechselwirkung von Myonen und Neutrinos hoher Energien, die in der Erdatmosphäre durch kosmische Strahlen geschaffen werden, zu erwähnen (gemeint ist hauptsächlich das Neutrino vom Zerfall der μ- und π-Mesonen, die durch kosmische Strahlen entstehen [56]).

Im Unterschied zum Problem des Massenspektrums und zur Frage der Fundamentallänge können die Untersuchungen der Wechselwirkung von Teilchen bei hohen und extrem hohen Energien als sekundär und weniger bestimmend vom Gesichtspunkt der Formulierung irgendeines klaren und verlockenden physikalischen Zieles erscheinen. Dies ist jedoch nicht so, und ein solcher Eindruck ist, wenn er wirklich entstanden sein sollte, durch die Unvollkommenheit unserer Darlegung bedingt. Als gewisse Rechtfertigung kann man vermerken, daß alle schon berührten Fragen der Mikrophysik faktisch eng verflochten und so nicht unabhängig voneinander sind. Indem wir besonders das Problem der Wechselwirkung von Teilchen bei hohen Energien herausheben, möchten wir in erster Linie ein übriges Mal unterstreichen, daß längst nicht alles in der Hochenergiephysik auf die Probleme des Massenspektrums und der Fundamentallänge zurückgeführt werden kann. So hat die Frage des Energieverlaufs verschiedener Wechselwirkungsquerschnitte unterschiedlicher Teilchen (insbesondere bei extrem hohen Energien oder formal bei $E \to \infty$ und in erster Linie für stark wechselwirkende Teilchen) für die Theorie eine äußerst tiefe und in gewisser Weise unabhängige Bedeutung.

2.5. Schwache Wechselwirkungen. Verletzung der CP-Invarianz

Im Jahr 1956 wurde die Nichterhaltung der räumlichen Parität (P) bei schwachen Wechselwirkungen entdeckt. Dies bedeutet konkret, daß bei Betazerfall radioaktiver Kerne (in den ersten Versuchen wurden ^{60}Co-Kerne benutzt), deren magnetische Momente im äußeren Magnetfeld orientiert sind, Betaelektronen in unterschiedlicher Anzahl längs des Feldes und in entgegengesetzter Richtung ausgesandt werden. Somit verläuft der Zerfallsprozeß im rechten und linken Koordinatensystem unterschiedlich, was eben der Nichterhaltung der räumlichen Parität entspricht (ausführlicher siehe z. B. [52c]). Jedoch genügten alle bis zum Jahr 1964 aufgefundenen Zerfälle dem Prinzip der kombinierten Parität, demgemäß alle Wechselwirkungen invariant gegenüber CP-Konjugation, das heißt der gleichzeitigen räumlichen Inversion P und der Ladungskonjugation C (Vertauschung von Teilchen und Antiteilchen), sind. Die Nichterhaltung der räumlichen Parität kann man auch so verstehen: Das Teilchen (sagen wir, ein Neutron) besitzt irgendeine „innere Schraube", infolge derer sein Betazerfall in verschiedener Weise in Richtung längs der „Schraube" und in entgegengesetzter Richtung verläuft. Dann bedeutet die Erhaltung der kombinierten Parität, daß die Richtungen der „Schraube" beim Teilchen und seinem Antiteilchen direkt entgegengesetzt sind.

Die Auffindung der Nichterhaltung der P- und C-Paritäten und der Erhaltung der CP-Parität war eine der größten Entdeckungen und erhöhte noch mehr das Interesse an schwachen Wechselwirkungen, das schon immer groß war. Die schwachen Wechselwirkungen „rechtfertigten das Vertrauen" auch bald wieder: Im Jahr 1964 wurde noch eine Entdeckung gemacht, deren Bedeutung offenbar außerordentlich groß ist, obwohl sie noch längst nicht vollends verstanden ist. Es handelt sich um die Auffindung des Zerfalls $K_2^0 \rightarrow \pi^+ + \pi^-$ ($K_2^0 \equiv K_L$ ist ein langlebiges neutrales K-Meson, das im gegebenen Fall in π^+- und π^--Mesonen zerfällt), der nur bei Verletzung der kombinierten Parität stattfinden kann [52]. Somit wird in der Natur die Verletzung der CP-Parität beobachtet; allerdings sind in allen bekannten Fällen die Prozesse mit Verletzung der CP-Invarianz um drei Größenordnungen weniger wahrscheinlich als Prozesse, die ohne solche Verletzung stattfinden. Die Nichterhaltung der CP-Invarianz führt offenbar zu der fundamentalen Schlußfolgerung über die Nichtäquivalenz der direkten und der entgegengesetzten Richtung der Zeit. Aus sehr allgemeinen Erwägungen, man kann sagen, aus den Grundlagen der existierenden Theorie, folgt nämlich die CPT-Invarianz aller Wechselwirkungen. Dies bedeutet, daß die Wechselwirkungen (und natürlich alle ihre Äußerungen) ungeändert bleiben bei Durchführung der drei Operationen (in beliebiger Reihenfolge): räumliche Inversion (P), Ladungskonjugation (das heißt Übergang vom Teilchen zum Antiteilchen, Transformation C) und Umkehr des Vorzeichens der Zeit (Ersetzen von t durch $-t$ oder Operation T). Wie fundamental die CPT-Invarianz ist, wird schon daraus sichtbar, daß sie die Gleichheit der Massen und Lebensdauern bei Zerfällen für Teilchen und Antiteilchen garantiert. Es gibt keinerlei Hinweise auf eine Verletzung dieser Eigenschaften der Teilchen und Antiteilchen.

Wenn CPT-Invarianz vorhanden ist, dann folgt aus der Nichterhaltung der CP-Invarianz auch die Nichterhaltung der T-Invarianz, das heißt, die Nichterhaltung der Invarianz bezüglich der Änderung des Vorzeichens der Zeit. Indessen genügen sowohl die klassische Theorie (Mechanik, Elektrodynamik und Allgemeine Relativitätstheorie) als auch die Quantenmechanik und die Quantenfeldtheorie der Forderung der Umkehrbarkeit der Zeit (formal bedeutet dies, daß die Gleichungen der Theorie invariant gegenüber der Vertauschung der Zeit t mit $-t$ sind; deshalb geht bei entsprechender Änderung der Anfangsbedingungen jeder Prozeß in umgekehrter Richtung auf genau demselben Wege durch genau dieselben Zustände, durch welche er in direkter Richtung gegangen ist).[1])

Somit führte im sehr wahrscheinlichen, obwohl streng auch nicht bewiesenen Fall der Existenz der CPT-Invarianz, die Auffindung der Nichterhaltung der CP-Invarianz zur Entdeckung der T-Nichtinvarianz für fundamentale Wechselwirkungen und Prozesse. Eine solche Schlußfolgerung könnte etwa analog der oben durchgeführten Interpretation der P- und C-Nichtinvarianz interpretiert werden: mit Benutzung des Bildes der „inneren Schraube" der Teilchen. Sieht man nämlich die „elementaren" Teilchen als sehr komplizierte Gebilde an (und so ist es in gewisser Weise wirklich; siehe oben), so kann man sich vorstellen, daß im Teilchen irgendwelche Schwingungen oder Bewegungen „sägezahnartigen" (in der Zeit unsymmetrischen) Charakters stattfinden, das heißt, die Teilchen haben ihre eigenen „Uhren" die in bestimmter Richtung gehen.[2])

---

[1]) Die in der makroskopischen Physik, in der Chemie und in der Natur zu beobachtende Nichtumkehrbarkeit (Nichtäquivalenz) von Vergangenheit und Zukunft (das heißt die Nichtäquivalenz bezüglich der Vertauschung t in $-t$) hängt mit der Kompliziertheit makroskopischer Objekte (es handelt sich um eine gewaltige Anzahl Teilchen) und der durch diese Kompliziertheit bedingten Tendenz der Bewegungsentwicklung von mehr geordneten zu weniger geordneten Zuständen zusammen (s. z. B. [52c]).

[2]) Da ich solchen Erwägungen in der Literatur nicht begegnet bin, möchte ich darauf hinweisen, daß ich sie von W. N. GRIBOW gehört habe (möglicherweise habe ich sie allerdings nicht richtig verstanden, und deshalb trägt W. N. GRIBOW keinerlei Verantwortung für das Gesagte).

Die Erforschung der CP-Nichterhaltung bei schwachen Wechselwirkungen wird fortgesetzt, wobei besonders interessant der Übergang ins Gebiet hoher Energien wäre. Es ist beispielsweise möglich, daß bei hohen Energien und den ihnen entsprechenden kleinen raum-zeitlichen Abständen die CP-Nichterhaltung und die T-Nichterhaltung schon nicht mehr „klein" sind (sagen wir, vergleichbar bezüglich ihrer Wahrscheinlichkeit mit der Wahrscheinlichkeit der schwachen Wechselwirkung). Zur Klärung dieser wichtigen Frage ist es offenbar notwendig, mit Neutrinobündeln der größten existierenden Beschleuniger zu arbeiten (es handelt sich in erster Linie um den Beschleuniger in Batavia, USA; siehe [52d]).

Mit der Untersuchung der CP- und T-Nichtinvarianz erschöpft sich jedoch keinesfalls das Problem der schwachen Wechselwirkungen bei hohen Energien. Im Gegenteil, diese Richtung ist auch unter anderen Aspekten höchst vielseitig und besonders wichtig. Es genügt, noch einmal das Problem des Vektorbosons und die Frage der Energieabhängigkeit der durch schwache Wechselwirkungen bedingten Prozesse zu erwähnen [57]. Schließlich könnte die Fundamentallänge, falls sie existiert, in erster Linie gerade mit der schwachen Wechselwirkung zusammenhängen (in diesem Fall wäre die Fundamentallänge offenbar $l_0 \approx 3 \cdot 10^{-17}$ cm). Die letzte Bemerkung ist erstens bedingt durch das mit der Energie unzulässige Anwachsen der mit bekannten Methoden berechenbaren effektiven Querschnitte für eine Reihe von Prozessen mit Beteiligung der schwachen Wechselwirkung: Es ist noch nicht gelungen, ein solches Anwachsen durch genügend zuverlässige und im Experiment bestätigte Methoden zu beseitigen. Da die Fundamentallänge wahrscheinlich zum Auftreten irgendeines „Abschneidefaktors" führen würde, erweist sich auch die Frage des Anwachsens der Querschnitte als damit zusammenhängend. Zweitens gilt die Verletzung der P- und offenbar auch der T-Invarianz gerade für Prozesse der schwachen Wechselwirkung. Es ist richtig, daß man diese Verletzungen, wie schon gezeigt wurde, auf die Teilchen selbst beziehen kann, indem man Vorstellungen über die „innere Schraube“ und „innere Uhren“ des Teilchens einführt. Aber andererseits berührt die Frage der räumlichen Parität (P) und der Invarianz gegenüber der Änderung des Vorzeichens der Zeit (T) zumindest unsere Raum-Zeit-Vorstellungen.

Es könnte sich erweisen, daß die Verletzung der P- und T-Invarianz bei schwachen Wechselwirkungen ein Anzeichen einer tieferen Veränderung der Struktur des Raumes und der Zeit „im Kleinen“ ist und konkret bei der für schwache Wechselwirkungen charakteristischen Länge $l_0 \approx 3 \cdot 10^{-17}$ cm. Eben dies wurde weiter oben bei der Erwähnung eines möglichen Zusammenhangs des Problems der Fundamentallänge mit der Theorie der schwachen Wechselwirkungen ins Auge gefaßt.[1])

2.6. Nichtlineare Erscheinungen im Vakuum in extrem starken elektromagnetischen Feldern

Die weiter oben aufgezählten mikrophysikalischen Probleme zeichnen sich durch eine sehr große Allgemeinheit aus, wobei jedes von ihnen in eine Reihe anderer, speziellerer und konkreterer Probleme aufgeteilt werden könnte. Aber wir streben nicht danach, die Anzahl der Probleme zu vergrößern, irgendwelche Strenge bei der Klassifikation zu erreichen und dergleichen mehr: Alles dies würde in Widerspruch zu den bei weitem bescheideneren Zielen, die Gesamtsituation in der Physik mit einem flüchtigen Blick zu umfassen, geraten. Deshalb wollen wir uns, als eines der Beispiele eines spezielleren, aber höchst bedeutsamen Problems, mit Prozessen in extrem starken elektromagnetischen Feldern befassen.

Über Eigentümlichkeiten des Verhaltens der Stoffe in extrem starken Magnetfeldern wurde schon in 1.6. gesprochen. Ein starkes elektrisches Feld zerstört im Unter-

---

[1]) Mit den neuen recht erfolgreichen Versuchen zur Vereinigung der schwachen und der elektromagnetischen Wechselwirkungen [57 c] entfielen die Argumente zugunsten der Einführung einer Länge von $l_0 \approx 3 \cdot 10^{-17}$cm.

schied zum magnetischen Feld gewöhnlich das Atom. So wird ein Wasserstoffatom sehr schnell zerstört, wenn die Spannung des äußeren elektrischen Feldes $\mathcal{E}$ von der gleichen Größenordnung wie die Spannung des Feldes vom Kern (Proton) im Abstand des Atomradius $a_0 = \hbar^2/me^2 \approx 5 \cdot 10^{-9}$ cm ist, das heißt, wenn

$$\mathcal{E} \approx e/a_0^2 \approx e^5 m^2/\hbar^4 \approx 10^7 \text{ CGS-E} \approx 3 \cdot 10^9 \text{ V/cm} \tag{15}$$

gilt. Faktisch findet eine solche Zerstörung (Ionisation des Atoms im äußeren elektrischen Feld) auch in schwächeren Feldern statt, aber in Feldern $\mathcal{E} \ll 10^8-10^9$ V/cm lebt das Wasserstoffatom hinreichend lange. Ein Uranatom wird vollständig und dabei schnell nur in Feldern von der Größenordnung $10^9\, Z^3 \approx 10^{15}$ V/cm (die Ladung des Urankerns ist $eZ = 92e$, während der Radius der K-Schale für Uran $a_{0,Z} \approx \hbar^2/me^2Z \approx 10^{-10}$ cm beträgt, weshalb das Feld vom Kern auf dieser Schale von der Größenordnung eZ^3/a_0^2 ist) „abgerupft", das heißt, aller Elektronen entledigt, die dann durch das Feld beschleunigt werden. In noch stärkeren elektrischen Feldern „widerstehen nicht" nur nicht die Elektronen in den schwersten Atomen, sondern auch das Vakuum selber „widersteht nicht". Dies beruht darauf, daß das reale (physikalische) Vakuum keine „Leere" mehr ist; das Vakuum wird durch das Feld polarisiert, und letzteres kann aus dem Vakuum Paare verschiedener Teilchen erzeugen, wobei die leichtesten Elektronen-Loch-Paare am leichtesten erzeugt werden. Solche Paare werden intensiv in einem Feld $\mathcal{E}_0$ erzeugt, dessen Arbeit im Abstand der Compton-Wellenlänge $\hbar/mc \approx 3 \cdot 10^{-11}$ cm von der Größenordnung der Ruhenergie des Paares $2mc^2 \approx 10^6$ eV $\approx 10^{-6}$ erg ist. Hieraus folgt $e\mathcal{E}_0\hbar/mc \approx mc^2$ oder

$$\mathcal{E}_0 \approx \frac{m^2c^3}{e\hbar} \approx 10^{14} \text{ CGS-E} \approx 3 \cdot 10^{16} \text{ V/cm.} \tag{16}$$

Die Paare können hinreichend schnell, wenn auch nicht in katastrophalem Tempo, auch in schwächeren Feldern erzeugt werden. Deshalb würden wahrscheinlich schon

Felder mit $\mathscr{E}_0 \approx 10^{14}$ V/cm erlauben, Paarerzeugung im Vakuum zu beobachten. In solch starken, aber manchmal auch in weniger starken Feldern, zeigt sich auch eine ganze Reihe anderer interessanter Effekte. Dabei ist es wichtig zu unterstreichen, daß Teilchen mit hoher Energie E im elektromagnetischen Feld, das um das E/mc^2-fache schwächer als das Feld (16) ist, stürmisch Paare erzeugen können (siehe [65c,69]; dies beruht darauf, daß im Bezugssystem, welches mit dem Teilchen verbunden ist, das Feld um das E/mc^2-fache stärker ist als im Laborbezugssystem).

Zur Zeit werden im Fokus eines Laserbündels Felder $\mathscr{E} \approx 10^9$ V/cm erreicht (siehe 1.7.). Die Erhöhung der Laserleistung und des elektromagnetischen Energiestromes im Fokus des Laserbündels um 10 Größenordnungen, die zum Erreichen des Wertes $\mathscr{E} \approx 10^{14}$ V/cm notwendig wäre, bildet eine derart schwierige Aufgabe, daß sie heute vor der Physik gar nicht real auf der Tagesordnung steht. Aber für Elektronen mit einer Energie $E \approx 20$ GeV, welche schon erreicht wurde, ist $E/mc^2 \approx 4 \cdot 10^4$, und die Erzeugung von Photonen und Paaren durch solche Elektronen im Laserfokus mit einem Feld $\mathscr{E} \approx 10^9$ V/cm wird ebenso vor sich gehen, wie bei der Wechselwirkung eines anfangs ruhenden Elektrons im Feld $\mathscr{E} \approx 4 \cdot 10^{13}$ V/cm.

Extrem starke elektrische Felder existieren nahe dem Atomkern. So beträgt an der Grenze des Urankerns das Feld $\mathscr{E} \approx eZ/R^2 \approx 3 \cdot 10^{16}$ CGS-E $\approx 10^{19}$ V/cm ($Z = 92$, Kernradius $R \approx 10^{-12}$ cm). Jedoch kann dieses Feld im Fall des Urankerns noch keine Paare erzeugen; man muß das Feld noch ein wenig verstärken, und es werden, wie aus quantitativen Berechnungen folgt [70], Paare für Kerne mit $Z \gtrsim Z_c \approx 170$ erzeugt. Derartige Kerne kann man nur für kurze Zeit bei Zusammenstößen zweier Kerne mit $Z_1 + Z_2 > Z_c$ schaffen. Aber auch ein solcher Prozeß ist interessant, ganz zu schweigen davon, daß die Frage der Polarisation des Vakuums und der Paarerzeugung für superschwere Kerne noch inhaltsreicher ist [70]. Schließlich hat das Problem der Paarerzeugung nahe der Singularitäten in kosmologischen Lösungen, die die Evolution des Universums beschreiben, eine besondere Bedeutung (siehe 3.3.).

2.7. Über Mikrophysik gestern, heute und morgen

Alles fließt, alles verändert sich. Es ändert sich nicht nur der Inhalt jenes Gebietes, das Mikrophysik genannt worden ist, sondern auch der von ihr in der Wissenschaft allgemein und in der Physik im besonderen eingenommene Platz. Sieht man etwa physikalische Referatejournale und populärwissenschaftliche Zeitschriften durch, so kann man sich von folgendem überzeugen: Das spezifische Gewicht der Probleme der Mikrophysik hat sich in allen diesen Journalen im Lauf der letzten zwanzig Jahre stark vermindert im Vergleich zu den vorangegangenen Jahrzehnten. Bedauerlicherweise verfüge ich nicht über genaue Zahlen,[1]) aber ich denke, daß das Verhältnis der Anzahl wissenschaftlicher Arbeiten zur Mikrophysik zu der zur Makrophysik jetzt mindestens um eine Größenordnung kleiner ist als vor zwanzig Jahren. Wenn man andere Kennziffern der wissenschaftlichen Aktivität benutzt (die Zahl der sich spezialisierenden Absolventen, die Zahl der Konferenzen usw.), dann ist das Bild wahrscheinlich annähernd dasselbe.

Die Hauptursache hängt, wie mir scheint, damit zusammen, daß noch in jüngster Vergangenheit (sagen wir

---

[1]) In Verbindung damit muß noch einmal bedauert werden, wie wenig Aufmerksamkeit bei uns der statistischen (und auch jeder beliebigen anderen) Analyse der Entwicklungstendenzen der Wissenschaft, der Rolle verschiedener Informationsformen und ähnlichem gewidmet wird. Ich möchte auch bemerken, daß es keinerlei Gründe gibt, die diskutierte Veränderung des spezifischen Gewichts der Mikrophysik mit dem Umstand zu verbinden, daß wir den Hauptteil der Atom- und Kernphysik zum Gebiet der Makrophysik gezählt haben. Es genügt zu sagen, daß solche Gebiete der Mikrophysik, wie Hochenergiephysik, Mesonenphysik, Neutrinophysik und ähnliche, früher überhaupt nicht existierten. Der der Mikrophysik eigene Platz als physikalische Avantgarde ist auch bei der angenommenen Definition vollständig erhalten geblieben (siehe auch 2.1.).

genauer vor dreißig Jahren) die Mikrophysik einen gewissen exklusiven Platz in der Wissenschaft einnahm, während sich jetzt die Situation geändert hat.

Die Problematik der Mikrophysik bilden die fundamentalsten, prinzipiellsten und deshalb für viele auch attraktivsten Fragen der Physik. Von einem solchen Gesichtspunkt aus hat sich die Lage der Mikrophysik nicht geändert. Aber bis zur Mitte unseres Jahrhunderts hatten die Probleme der Mikrophysik zugleich im wesentlichen die bestimmende Bedeutung für die Entwicklung der gesamten Naturwissenschaft. In der Tat bildete damals die Erforschung der Atome und danach auch der Atomkerne den Hauptinhalt der Mikrophysik. Den Bau der Atome zu enträtseln, die in ihnen wirkenden Gesetze zu verstehen (wofür die Quantenmechanik geschaffen werden mußte!), bedeutete einen mächtigen Anstoß für viele Gebiete der Physik, Astronomie, Chemie und Biologie. Annähernd das gleiche kann über den Atomkern gesagt werden. Seine Erforschung gebar die Möglichkeit der Ausnutzung der Kernenergie (Atomenergie) und gab sogar die Veranlassung, das zwanzigste Jahrhundert das Atomzeitalter zu nennen (daß eine derartige Bedeutung der Kernphysik nicht sogleich bewußt wurde, ändert nicht das Wesen der Sache und spielt darüber hinaus schon mehr als dreißig Jahre keinerlei Rolle mehr).

Die Physiker, die sich mit entsprechenden Problemen der Mikrophysik befaßten, dachten in ihrer überwiegenden Mehrheit nicht über praktische Früchte ihrer Arbeit nach; ihr Enthusiasmus sowie ihre Beharrlichkeit wurden durch ihr Interesse an den Problemen als solchen genährt und waren bewirkt durch das Bestreben zu erfahren, ,,wie ist dies wohl eingerichtet“, Schwierigkeiten zu überwinden und die Wahrheit zu ergründen. Aber die Konzentration der Anstrengungen insgesamt, die Spannweite der Arbeit, die Unterstützung und Aufmerksamkeit der Gesellschaft (insbesondere der wissenschaftlichen gesellschaftlichen Meinung), alles dies wurde in nicht geringem Grad ebenfalls durch das Wissen um die Rolle der Mikrophysik für die Entwicklung der Naturwissenschaften insgesamt und durch das Verständnis ihrer prinzipiellen Bedeutung bei der Lösung der wichtigsten praktischen Probleme diktiert.

Zur Zeit ist die Lage ganz anders. Die in der Mikrophysik zu untersuchenden Teilchen leben entweder einen winzigen Bruchteil einer Sekunde oder durchdringen, wie im Fall des Neutrinos, fast frei die Erdkugel und werden nur mit kolossaler Mühe eingefangen.

Es ist einleuchtend, daß man die wissenschaftliche Bedeutung eines Problems weder durch Lebensdauern der Teilchen noch durch ihre Durchdringungsfähigkeit messen kann. Die Aufgaben, die heute vor der Mikrophysik liegen, stehen hinsichtlich ihrer Rätselhaftigkeit und Schwierigkeit in keiner Weise den Problemen von gestern nach. Mit anderen Worten, die Mikrophysik bleibt (und wird es bei der angenommenen Definition auch stets bleiben) ein Vorposten der Physik, ihr „tiefster" Teil.[1]) Aber Charakter und Rolle der durch die Mikrophysik zu untersuchenden Objekte sind nun andere. Diese Objekte (Atom, Atomkern) waren das tägliche Brot, die neuen Objekte jedoch sind schon exotische und seltene Gewächse (zumindest unter irdischen Bedingungen).[2]) Indessen nahm die Mikrophysik, wie gesagt, in der Wissen-

---

[1]) Eine solche Meinung, die ich selber teile, kann jedoch nicht als unbestritten angesehen werden (siehe z. B. [3]). Viele Probleme, auf die die Makrophysik und, sagen wir, die Biologie stoßen, sind hinreichend selbständig und tief; ihre Untersuchung wird nicht erleichtert durch die Überzeugung, daß die fundamentalen Gesetze (z. B. die nichtrelativistische Quantenmechanik) im gegebenen Fall bekannt sind. Wie gesagt wurde, erscheint der Unterschied zwischen Makro- und Mikrophysik als hinreichend wesentlich, um die Mikrophysik und ebenso die Kosmologie auf einen gewissen Sockel zu heben, aber natürlich nicht dazu, alle übrigen Naturwissenschaften als etwas Zweitklassiges oder Fundamentalität Entbehrendes geringschätzig zu behandeln.

[2]) Es sind natürlich einige Ausnahmen möglich. Beispielsweise leben μ-Mesonen Mikrosekunden lang und sind deshalb für die Chemie interessant. Außerdem wird natürlich die Erforschung des Protons und des Elektrons auf höherem Niveau, das aber (zumindest gegenwärtig) für das Verständnis der Probleme der Atom- und Kernphysik unwesentlich ist (gemeint sind zum Beispiel die Bestandteile des Protons, die Partonen) fortgesetzt.

schaft buchstäblich die dominierende Stellung in nicht geringem Grad auch wegen der besonderen praktischen Wichtigkeit der Fragen, die durch sie untersucht wurden, ein.

Daher hat sich, entsprechend der hier verteidigten Meinung, der Platz der Mikrophysik in der Physik und in der gesamten Naturwissenschaft wesentlich geändert, und (dieser Punkt ist besonders strittig) ich denke, daß eine solche Änderung vielleicht für immer, jedenfalls aber für sehr lange Zeit, eingetreten ist.

Wenn ich das Dargelegte in nichtwissenschaftlichen Termini ausdrücken wollte, würde ich sagen, daß die Mikrophysik in der ersten Hälfte unseres Jahrhunderts die erste Dame der Naturwissenschaft war. Heute und morgen ist sie „nur" die schönste Dame und wird es bleiben. Aber darum geht es gerade, daß unterschiedliche Leute verschiedene Damen für die schönste halten können, die erste Dame jedoch definitionsgemäß nur eine einzige ist (beispielsweise nennt man so die Frau des Präsidenten eines Landes). Ich erlaube mir hinzuzufügen, daß für mich selbst die Mikrophysik die schönste physikalische Dame war und es auch bleibt. Aber im Unterschied zu einigen meiner Kollegen bin ich der Meinung, eine Verbeugung darf nicht dazu führen, daß andere interessante Objekte gering geschätzt werden.

Diese Bemerkungen erscheinen als trivial, aber ... nur denen, die damit einverstanden sind. Tatsächlich werden sie in erster Linie deshalb angebracht, weil sie strittig sind.[1]) Davon mußte ich mich überzeugen, als ich vor mehr als zehn Jahren annähernd dasselbe aus einem anderen Anlaß schrieb [71].

---

[1]) Ich erlaube mir hinzuzufügen, daß Versuche, die Diskussion der Entwicklungswege der Wissenschaft und der wissenschaftlichen Problematik mit den engen Interessen oder Sorgen dieses oder jenes Wissenschaftsgebietes unter diesen oder jenen örtlichen Bedingungen eng zu koppeln (und, wenn es paßt, anzukoppeln), ein Gefühl des Protestes hervorrufen. Die Fragen der Finanzierung, des Baus und ähnliche hängen von einer großen Anzahl von Faktoren ab, unter denen rein wissenschaftliche Interessen manchmal eine zweitrangige

Wirkliche Aufmerksamkeit verdient der Einwand, der sich im wesentlichen auf das folgende reduziert: In der ersten Etappe der Untersuchungen des Atomkerns waren die Perspektiven der Kernenergetik noch längst nicht klar oder wurden völlig falsch eingeschätzt. Solche Beispiele gibt es nicht wenige. Im allgemeinen ist die Entwicklung der Wissenschaft in konkretem Umriß schlecht oder auch gar nicht vorhersagbar. Deshalb erscheint es als möglich und ausgehend von einer Reihe von Analogien sogar als ziemlich wahrscheinlich, daß die Mikrophysik noch ihre alte Stellung als Stammutter neuer gigantischer Aufgaben, ähnlich der Beherrschung der Kernenergie, zurückgewinnt. Dann könnte sich, naturgemäß, das spezifische Gewicht der Mikrophysik erneut stark vergrößern.

Es versteht sich von selbst, daß es niemand auf sich nimmt, eine derartige Möglichkeit vollkommen auszuschließen. Schon allein dieser eine Umstand, die Existenz einer wenn auch nebelhaften Perspektive neuer praktisch wichtiger Entdeckungen, sollte sich als ausreichend dafür erweisen, um mit allen Mitteln die Mikrophysik nicht nur im Interesse der „reinen Wissenschaft" weiterzuentwickeln.

Aber sogar die Anerkennung der Möglichkeit einer neuen Umwälzung hinsichtlich der praktischen Rolle der Mikrophysik in der Zukunft widerspricht nicht im geringsten dem oben Gesagten bezüglich ihres heutigen Platzes. Außerdem ist unverständlich, warum die Annahme (die ich nicht auszusprechen fürchte), daß die in einem

---

Bedeutung im Vergleich beispielsweise mit ökonomischen oder technischen Erwägungen besitzen. Um so weniger gibt es Gründe, praktische, die Organisation der Wissenschaft betreffende Schlüsse ohne allseitige Analyse nur auf der Basis der Erörterung allein wissenschaftlicher Fragen zu ziehen. Die Situation würde sich wesentlich ändern, wenn die Mittel, die für die Entwicklung der Wissenschaft zur Verfügung gestellt werden können, um ein Mehrfaches anwachsen würden, beispielsweise auf Kosten der Liquidierung der gigantischen unproduktiven Ausgaben der Bevölkerung für das Rauchen und für Spirituosen. Aber etwas Derartiges kann in der heutigen Zeit nur in einem phantastischen Roman geschehen.

gewissen Sinn (im Zuge des Einflusses auf die Entwicklung der Gesellschaft, der Technik und ähnlichem) glänzendste Periode im Leben der Mikrophysik vielleicht schon vorbei ist, als Anzeichen eines schlechten Tons angesehen werden sollte. Nicht alle sind ja verpflichtet, an die Existenz der „unendlichen Matrjoschka" (man öffnet eine Puppe, und in ihr liegt eine andere und so ohne Ende) zu glauben.

Bedauerlicherweise habe ich fast keinerlei Chancen, mich von der Richtigkeit meiner Sicht in der Frage der Zukunft der Mikrophysik zu überzeugen, aber dafür habe ich auch kaum deren Unrichtigkeit zu bereuen, denn sogar Optimisten sind nicht geneigt, eine radikale Änderung der Rolle der Mikrophysik in der Wissenschaft und Technik noch zu Lebzeiten unserer Generation zu erwarten. Nebenbei gesagt, ist ihre Rolle auch heute noch äußerst achtbar und kann nur jene nicht befriedigen, die durch Aufmerksamkeit verwöhnt sind, die sich daran gewöhnt haben, stets die Ersten zu sein, und die sich unter außergewöhnlichen Bedingungen befanden. Nur in dieser Hinsicht hat sich die Stellung der Mikrophysik ein wenig geändert, und die Astrophysik (einschließlich der Kosmosforschung) und insbesondere die Biologie haben sie „zurückgedrängt".

Ist es etwa nicht offensichtlich, daß der ungestüme Aufschwung der Biologie (genauer einer Reihe ihrer Richtungen wie Molekularbiologie, Biophysik u. ä.), dessen Zeugen wir sind, nicht nur mit den wissenschaftlichen Errungenschaften selbst zusammenhängt, sondern auch mit den sich eröffnenden beinahe phantastischen Perspektiven der Lösung solcher für die Menschheit wichtiger Probleme wie die Liquidierung der Krankheiten (insbesondere des Krebses), die radikale Verlängerung des menschlichen Lebens, die künstliche Schaffung von Leben im „Reagenzglas", die Mobilisierung der Ressourcen des Gehirns und dergleichen mehr?

Andererseits kann die Astrophysik als Beispiel einer Wissenschaft dienen, die ergreifend interessant „für sich selbst", unabhängig von höchst nebelhaften und problematischen Möglichkeiten ihrer praktischen Ausnutzung in der Zukunft, ist. In dieser Beziehung ist der Platz der Mikrophysik heute und morgen in vielem analog demjenigen, den die Astrophysik einnimmt. Auch ist offensichtlich, daß es genau so notwendig ist, große Beschleuniger zu bauen wie große Teleskope auf der Erdoberfläche und auf Satelliten.

Einige dieser Bemerkungen stehen in manchem denen nahe, die in einem Artikel von DYSON [2] enthalten sind (nebenbei gesagt, erschienen dieser Artikel und die erste Variante des vorliegenden Büchleins fast gleichzeitig und natürlich unabhängig voneinander). Deshalb möchte ich hier auch die in [2] formulierten drei Regeln anführen, durch die man sich bei der Überwindung kritischer Situationen, die bei der Entwicklung der Physik entstehen, leiten lassen sollte (gemeint sind Instituts- oder Laboratoriumsmaßstäbe):

Man darf nicht versuchen, vergangenen Ruhm wiederzubeleben.

Man darf sich nicht mit irgendetwas nur deshalb beschäftigen, weil es modisch ist.

Man darf nicht den Spott und die Verachtung der Theoretiker fürchten.

Die ersten beiden Regeln bedürfen kaum eines Kommentars, und außerdem sind auch einige Erläuterungen in dieser Hinsicht in dem genannten Artikel [2] enthalten. Doch die dritte Regel kann falsch verstanden werden, besonders wenn man nicht weiß, wer ihr Autor ist.

Bekanntlich teilt man häufig die Physiker in Experimentatoren und Theoretiker ein. Der Experimentator, im Ideal, sitzt neben den von ihm hergestellten Geräten und mißt irgendetwas. Außerdem muß er sich Sorgen um die Erlangung von Geldern, Materialien und Geräten zum Bau der Experimentiereinrichtungen machen und muß einen, manchmal großen, Stab von Technikern und Laboranten, die seine Beobachtungsergebnisse bearbeiten, leiten. Und all dies dauert manchmal lange Jahre und dient nur zur Präzisierung irgendeines Parameters oder irgendeiner Konstante von der Art des magnetischen Moments des Protons, der Masse einer Teilchenresonanz und ähnlichem. Der Physiker als Theoretiker hingegen, ebenfalls im Ideal, sitzt hinter einem Schreibtisch in einem sauberen und hellen Zimmer mit Blick auf einen Garten und einen Teich oder liegt schlimmstenfalls zu Hause auf der Couch, „über die Natur der Dinge" nachdenkend oder irgendwelche Rechnungen ausführend, unterbrochen durch interessante Diskussionen über ververschiedene wissenschaftliche und nichtwissenschaftliche Themen. Beide Skizzierungen sind natürlich höchst abstrakt, aber sie erlauben zu verstehen, warum der abstrakte Experimentator häufig eine Abneigüng gegen die Theoretiker hat und die abstrakten Theoretiker nicht selten die Experimentatoren nicht sonderlich achten. Im Leben ist alles, so versteht sich, bei weitem komplizierter und mannigfaltiger. Im 19. Jahrhundert, von noch ferneren Zeiten schon ganz zu schweigen, gab es noch keine deutliche Unterscheidung von theoretischen und experimentellen Physikern. In Abhängigkeit von den Fähigkeiten und Neigungen natürlich experimentierten die einen mehr, während die anderen mehr rechneten, aber der Mehrheit der Physiker war weder das eine noch das andere fremd. Erst die Komplizierung der Technik, das schnelle Anwachsen der Zahl der Physiker, die Zuspitzung des Wettbewerbs und die Erhöhung des Arbeitstempos und der Geschwindigkeit des Informationsaustausches erzeugten eine klare „Arbeitsteilung" und trennten und isolierten bis zu einem bestimmten Grade Theoretiker und Experimentatoren.[1]) Neben den posi-

---

[1]) K. FUCHS äußert sich zu der experimentellen und theoretischen Tätigkeit bei einem Vortrag im Plenum der Akademie der Wissenschaften der DDR:

„– Die naturwissenschaftliche Forschung als wissenschaftliche Arbeitsweise besteht aus zwei wesentlichen Tätigkeiten. Die theoretische Tätigkeit gewinnt durch Abstraktion aus der Vielfalt der Erscheinungen Kenntnisse über die grundlegenden gesetzmäßigen Zusammenhänge in der Natur und

tiven Seiten dieses Differenzierungsprozesses führte er auch zu negativen Folgen. „Die Physiker hörten auf, einander zu verstehen“, diese Behauptung klingt schon nicht mehr absurd oder paradox, sondern spiegelt nicht selten die traurigen Fakten wider. Was gibt es denn auch über Physiker im allgemeinen zu sagen, wenn sich das Spektrum allein der theoretischen Physiker von den Mathematikern, die an der Lösung dieser oder jener physikalischen Probleme interessiert sind, bis zu den Physikern erstreckt, die aus diesen oder jenen Gründen nicht selber mit den Händen arbeiten oder nicht mit dem Experiment verbunden sind. Es ist natürlich, daß theoretische Physiker, die sich an verschiedenen Polen ihres Spezialgebietes befinden, und umso mehr Theoretiker und „reine“ Experimentatoren auf Schritt und Tritt keine gemeinsame Sprache finden und gegenseitig Vorbehalte haben.

So entsteht, wenn man die dritte Regel von Dyson liest, ohne etwas über ihn selbst zu wissen, das Bild eines Experimentators, dem die Theoretiker ziemlich einge-

---

leitet aus den Gesetzen weitere wissenschaftlich interessante bzw. gesellschaftliche Erscheinungen ab. Die experimentelle Tätigkeit stellt durch Beobachtung und Beeinflussung der Naturvorgänge das konkrete Ausgangsmaterial bereit, überprüft vermutete Gesetze (Hypothesen) durch kritische Experimente und schafft konkrete Voraussetzungen für die gesellschaftliche Nutzung.

– Die wissenschaftliche Denk- und Arbeitsweise besteht in der Einheit der theoretischen und experimentellen Tätigkeit, die – trotz der in der Arbeit notwendigen Differenzierung – im Denken des Theoretikers und Experimentators realisiert werden muß.

– Die Theorie eines Wissenschaftszweiges ist die Gesamtheit der Erkenntnis über die gesetzmäßigen Zusammenhänge auf dem betreffenden Gebiet. Sie ist das gemeinsame Ergebnis der experimentellen und theoretischen Tätigkeit. Die Theorie der Physik ist der wesentlichste Inhalt der Physik.

– Die Differenzierung zwischen der experimentellen und theoretischen Tätigkeit beruht auf den großen Unterschieden in den Methoden. Dementsprechend können die mathematische Physik und die experimentellen Methoden der Physik als methodische Querschnittsgebiete der Physik aufgefaßt werden.“

Diese Thesen sind in „Sitzungsberichte der AdW der DDR“ 5/N/1975, Mathematik-Naturwissenschaften-Technik, ausführlich erläutert. (Anm. d. Bearb.)

salzen haben, indem sie ihn lehrten, wie man zu arbeiten und womit man sich nicht zu befassen hat, und indem sie ihm auch zu verstehen gaben, wie unkundig er doch im Gebiet der „echten“ Physik ist. Tatsächlich jedoch ist F. Dyson einer der bekanntesten (und dabei auch verdient bekanntesten) zeitgenössischen theoretischen Physiker. Sein Rat, den Spott ihrer Kollegen Theoretiker nicht zu fürchten, ist nur durchdrungen von dem Wissen um die Manier einer gewissen kleinen Gruppe von ihnen. Dies ist kein Verrat an „seiner Zunft“, sondern die Bekundung seiner Liebe zu ihr. Die echte theoretische Physik ist ein untrennbarer Bestandteil der gesamten Physik, die ohne die experimentelle Physik nicht einmal existieren kann und nicht über sie herrscht.

Der theoretische Physiker, das ist kein Priester und kein Prophet, sondern meistens einfach ein Glückspilz, der nicht mit der Menge von Sorgen belastet ist, die den experimentellen Physiker verfolgen. Deshalb müssen Spott und Verachtung seitens der Theoretiker auch eine negative Reaktion hervorrufen (ähnlich wie die, wenn auch nicht der Form, so doch dem Wesen der Sache nach, anzutreffenden Äußerungen der Mißachtung gegenüber den Theoretikern seitens der Experimentatoren). Natürlich handelt es sich nur um Ausnahmen, aber schon sie geben das Recht auf Selbstverteidigung. Es lohnte nicht, die Aufmerksamkeit darauf zu lenken, wenn es um Beleidigung oder um den Wunsch, Kritikern zu antworten, ginge. Ich bitte zu glauben, daß mich ganz andere Motive leiten, nämlich das Verlangen, die Leser anzuregen zu streiten, zu denken, ihre eigene Meinung auszuarbeiten und sich nicht zu fürchten, sie auszusprechen und zu verteidigen, aber keinesfalls teilnahmslos und gleichgültig zu bleiben. Übrigens ist vielleicht Teilnahmslosigkeit und Gleichgültigkeit noch besser als ein anderer Pol, nämlich Intoleranz und Mißachtung unerwünschter „fremder“ Meinungen und egozentrische Verteidigung der eigenen Anschauungen und Interessen.

Weniges bringt der Entwicklung der Wissenschaft

einen größeren Nutzen als Diskussionen, Erörterungen und Streite, die in einer freundschaftlichen Atmosphäre mit Schwung und Enthusiasmus ausgetragen werden. Zum Glück ist es meistens auch so.

3. Astrophysik

3.1. Experimentelle Prüfung der Allgemeinen Relativitätstheorie

Die Allgemeine Relativitätstheorie (ART) wurde in ihrer endgültigen Form von Einstein im Jahr 1915 formuliert. Bis dahin hatte er schon auf drei berühmte („kritische") Effekte hingewiesen, die zur Prüfung der Theorie dienen können: die Gravitationsverschiebung der Spektrallinien, die Ablenkung der Lichtstrahlen im Feld der Sonne und die Perihelverschiebung des Merkur. Seitdem ist mehr als ein halbes Jahrhundert vergangen, aber das Problem der experimentellen Prüfung der ART ist aktuell geblieben und befindet sich weiterhin im Zentrum der Aufmerksamkeit.

Womit hängt dies zusammen?

Alle von Einstein aufgezeigten Effekte existieren und werden beobachtet, aber die erreichte Genauigkeit ist noch klein [68, 72]. So beträgt im Fall der Frequenzverschiebung im Gravitationsfeld der Meßfehler annähernd 1%, und außerdem ist der Effekt selber unempfindlich gegenüber der Art der Gravitationstheorie. Die Ablenkung der Lichtstrahlen im Feld der Sonne (sie erreicht entsprechend der ART 1,75″ beim Vorbeigang des Strahls in unmittelbarer Nähe der Sonnenscheibe) wurde nur mit einem Fehler von der Größenordnung 10% gemessen; in diesen Grenzen stimmt sie auch mit der ART überein. Ebenso groß ist annähernd die Meßgenauigkeit der Ablenkung der von Quasaren zu uns kommenden Radiowellen nahe der Sonne und ebenfalls die Genauigkeit von

Funkortungsbestimmungen der relativistischen Retardierung der Ausbreitungszeit von Signalen nahe der Sonne. Dieser Effekt beträgt für Signale, die nahe an der Sonnenoberfläche vorbeigehen, ungefähr $2 \cdot 10^{-4}$ s; nach einigen letzten Angaben stimmen die Resultate von Beobachtungen der Retardierungszeit mit den Voraussagen der ART in den Grenzen der erreichten Genauigkeit (Fehler 2—4%) überein. Die Perihelverschiebung des Merkur ist mit einem Fehler von ungefähr 1% bekannt, und die Übereinstimmung der Theorie mit Beobachtungen dieses Effekts wurde noch unlängst als beste Bestätigung der ART betrachtet (abgesehen von den präzisen Daten über die Gleichheit von schwerer und träger Masse, welche mit einer Genauigkeit bis zu 10^{-12} bewiesen ist). Es wurde jedoch die Vermutung ausgesprochen, daß diese Übereinstimmung nur eine scheinbare ist, weil die Wirkung des Quadrupolmomentes der Sonne nicht berücksichtigt wird. Ein solcher Einwand, der auf den ersten Blick als recht gekünstelt erscheint, zog die Aufmerksamkeit durch eine Veröffentlichung zur Bestätigung der Sonnenabplattung auf sich. Jedoch ist jetzt offenbar geklärt, daß die Sonne über keinerlei merkliche Abplattung verfügt [72b].

Daher kann man zur Zeit lediglich feststellen, daß selbst für schwache Felder, das heißt, wenn der Parameter $|\varphi|/c^2$ klein ist (auf der Sonnenoberfläche ist $|\varphi|/c^2 = GM_\odot/r_\odot c^2 = 2{,}12 \cdot 10^{-6}$), die ART nur mit einer Genauigkeit bis zu einigen Prozenten nachgeprüft ist. Bei einer solchen Situation gibt es, wenn schon keine Gründe, so doch zumindest Möglichkeiten, von der ART abweichende Gravitationstheorien zu diskutieren. Von diesen beansprucht zur Zeit die größte Aufmerksamkeit die Skalar-Tensor-Theorie, in der das Gravitationsfeld abgesehen vom metrischen Tensor g_{ik} auch noch durch einen gewissen Skalar χ beschrieben wird. Dann müßte die relativistische Strahlablenkung gleich $\alpha = (1 - s)\,\alpha_E$ sein und die Perihelverschiebung der Planeten gleich $\Psi = (1 - {}^4/_3\, s)\,\Psi_E$, wobei α_E und Ψ_E die entsprechenden Werte gemäß der ART sind (das heißt gemäß der Theorie EINSTEINS, die die Gravitation nur mit dem Feld g_{ik} verbindet) und s den Teil des Körpergewichts bedeutet, der durch das Vorhandensein eines hypothetischen skalaren Feldes χ bedingt ist. Wie aus dem Gesagten folgt, ist gemäß den Beobachtungen $s \lesseqgtr 0{,}1$, und die nächste Aufgabe kann man in der Erhöhung der Bestimmungsgenauigkeit der oberen Grenze des Parameters S sehen. Falls gezeigt wird, daß $s < 0{,}01$ ist, dürfte die Skalar-Tensor-Theorie (zumindest in ihrer diskutierten Form [72c]) vollständig widerlegt sein.

Die Rückständigkeit im Gebiet der experimentellen Prüfung der ART ist durch die Kleinheit der Effekte bedingt, die der Beobachtung auf der Erde und in den Grenzen des Sonnensystems zugänglich sind, sowie auch durch die vergleichsweise große Ungenauigkeit entsprechender astronomischer Methoden. Jetzt hat sich jedoch die Lage durch die Anwendung interplanetarer Raketen („Probekörper"), Radiometer usw. verändert. So erscheinen die Perspektiven der Prüfung der ART mit einem Fehler von der Größenordnung 1% und danach einem Bruchteil eines Prozents als günstig [72f]. Man kann annehmen, daß eine Genauigkeit von ungefähr 1% in allernächster Zeit[1]) erreicht wird und daß ihre Erhöhung um noch ein bis zwei Größenordnungen auf jeden Fall im Lauf des nächsten Jahrzehnts stattfindet.

Wenn gezeigt wird, und ich erhoffe dies sehr, daß mit der experimentellen Prüfung der ART im Feld der Sonne „alles in Ordnung" ist, dann geht die Frage einer solchen Prüfung in eine ganz andere Ebene über. Es bleibt nämlich die Frage nach der Richtigkeit der ART in starken Feldern oder nahe und innerhalb extrem massiver kosmischer Körper, von der Kosmologie ganz zu schweigen. Davon wird weiter unten die Rede sein (s. 3.3., 3.4., 3.8.).

---

[1]) Anscheinend läßt sich dies schon Ende 1976 auf der Grundlage von Daten zur Perihelverschiebung des Merkur und von neuen Messungen des Ablenkungswinkels für Radiowellen ferner Radioquellen, die nahe der Sonne vorbeigehen, bestätigen.

Falls es hingegen gelingen sollte, in den Grenzen des Sonnensystems wenigstens kleinste Abweichungen von den Voraussagen der ART zuverlässig festzustellen, dann hätten wir es mit einer Entdeckung von außerordentlicher Wichtigkeit zu tun. Die Wahrscheinlichkeit eines derartigen Resultats erscheint der Mehrheit der Physiker und auch dem Autor als außerordentlich klein. Was aber bedeutet eine solche Wahrscheinlichkeit in derartigen Fällen? Man müßte außerdem, wenn man einen solchen Begriff der Wahrscheinlichkeit einer Entdeckung dennoch einführt, gleichfalls den Begriff der „mathematischen Erwartung" einer Entdeckung, der gleich dem Produkt aus der Wahrscheinlichkeit und der Bedeutsamkeit der Entdeckung ist, benutzen. In einem solchen Fall würde sich die mathematische Erwartung für Abweichungen von der ART sogar bei winziger Wahrscheinlichkeit ihrer Auffindung als bedeutend erweisen.

Es ist klar, daß man sich in der Frage der Prüfung der ART nur auf dem Weg neuer Beobachtungen und Messungen vorwärts bewegen kann. Wir erwarten sie mit Ungeduld.

3.2. Gravitationswellen

Im Rahmen jeder beliebigen relativistischen Theorie des Gravitationsfeldes sollten Gravitationswellen im Vakuum, analog den elektromagnetischen Wellen, existieren. Eine solche Analogie geht in der ART noch weiter, weil in dieser Theorie des Gravitationsfeldes die Wellen rein transversal sind. Die Vorstellung über Gravitationswellen im Vakuum wurde zusammen mit der ART geboren, und die bekannte und breit angewendete Formel für die Leistung der Gravitationsstrahlung von Massen, die sich langsam im Vergleich zur Lichtgeschwindigkeit bewegen (siehe Formel (105.12) in [74]; ebenfalls [75]), erhielt Einstein schon im Jahr 1918 [76].

Gravitationswellen sollten von beliebigen Massen mit von Null verschiedenem und zeitlich veränderlichem Quadrupolmoment der Massen (für sich schnell bewegende

Körper spielen auch höhere Multipolmomente eine Rolle) ausgesendet werden. Die einfachsten kosmischen Objekte eines solchen Typs sind Doppelsterne oder Planetensysteme.

Die Gravitationswechselwirkung ist jedoch die schwächste aller bekannten Wechselwirkungen. Die uns allen bekannten makroskopischen „alltäglichen" Erscheinungen der Gravitation sind einfach wegen der Existenz gewaltiger Massenanhäufungen und beispielsweise der großen Erdmasse so bedeutend. Im Fall zweier Protonen ist ihre Gravitationsanziehung um das $e^2/GM^2 \approx 10^{36}$-fache kleiner als die elektrostatische Abstoßung, wobei $G = 6{,}67 \cdot 10^{-8}\ \mathrm{g^{-1}cm^3s^{-2}}$ die Gravitationskonstante, $e = 4{,}8 \cdot 10^{-10}$ CGS-E die Ladung des Protons und $M = 1{,}67 \cdot 10^{-24}$ g seine Masse bedeuten. Deshalb ist es nicht allzu verwunderlich, daß gewöhnlich die Leistung der Gravitationsstrahlung, etwa eines Doppelsterns, verhältnismäßig klein und ihr Nachweis außerordentlich schwierig ist. Wie dem auch sei, Gravitationswellen sind noch nicht nachgewiesen worden, und die Möglichkeiten des Empfangs der Gravitationswellen von Doppelsternen und Pulsaren erscheinen als äußerst schwach. Denn selbst wenn etwa der Pulsar NP 0532 im Krebsnebel Gravitationswellen mit einer Leistung $L_g \approx 10^{38}\ \mathrm{erg \cdot s^{-1}}$ ausstrahlen sollte, [1]) würde der Strom der Gravitationsstrahlung auf der Erde nur $F_g \approx 3 \cdot 10^{-7}\ \mathrm{erg \cdot cm^{-2}s^{-1}}$ betragen. Hingegen entspricht die Empfindlichkeit der existierenden Empfänger von Gravitationswellen einem Strom von der Größenordnung oder größer als $F_g \approx 10^4 - 10^6\ \mathrm{erg \cdot cm^{-2}s^{-1}}$, das heißt, sie ist mindestens um

---

[1]) So groß ist die Leuchtkraft des Krebsnebels in allen Gebieten des elektromagnetischen Spektrums zusammengenommen. Meiner Meinung nach gibt es keinerlei Gründe zu erwarten, daß die Leistung der Gravitationsstrahlung von Pulsaren einen ähnlichen Wert erreicht; wahrscheinlich ist sie um einige Größenordnungen kleiner. Eine Ausnahme könnten offenbar Röntgenpulsare und „Kollapsare" (s. 3.4., 3.5.) bilden, die eine Komponente enger Doppelsterne sind. Wegen des letzten Umstandes könnte das Quadrupolmoment eines sich schnell drehenden kompakten Sterns anomal groß sein.

11 Größenordnungen kleiner, als es notwendig wäre (s. [72a, 77a]). Zum Empfang der Strahlung von Pulsaren mit einem Strom $F_g \approx 3 \cdot 10^{-7}$ erg · cm^{-2}s^{-1} durch die zur Zeit bekannten Verfahren, müßte der Empfänger mit einem Gewicht von einigen Tonnen bis auf eine Temperatur von 10^{-2}—10^{-3} K abgekühlt werden (bei Benutzung eines Stoffs wie Saphir mit sehr geringer innerer Reibung anstelle etwa von Aluminium könnte die Masse des Empfängers um einige Größenordnungen verringert werden [78d]). Dies ist möglich, aber natürlich äußerst schwierig.

Aber nichtsdestoweniger ist eine der wichtigsten Sensationen der letzten Jahre eben die Behauptung über den Empfang kosmischer Gravitationsstrahlung [77a, b]. Konkret wurde in den Artikeln [77] angenommen, daß die 1000 km voneinander entfernten massiven Aluminiumblöcke (Zylinder) mit einer Masse von 1,5 t, mit einer Eigenfrequenz $\nu \approx 10^3$ Hz unter dem Einfluß einer Gravitationsstrahlung, die aus einer dem Zentrum der Galaxis entsprechenden Richtung kommt, zu vibrieren anfangen. Die Leistung dieser Strahlung müßte, wenn sie tatsächlich nahe dem galaktischen Zentrum ausgesandt wird (der Abstand beträgt ungefähr $10^4\,pc \approx 3 \cdot 10^{22}$ cm), 10^{50} erg s^{-1} erreichen (Abschätzung in [77a]) oder 10^{52} erg · s^{-1} und mehr (entsprechend [72a, 75]).

Die Energie die der Ruhmasse der Sonne entspricht, beträgt $M_\odot c^2 \approx 10^{54}$ erg, und folglich müßte sich, wenn vom Zentrum der Galaxis tatsächlich eine Strahlung mit einer Leistung von 10^{50}—10^{52} erg · s^{-1} ausgeht, die Masse dieses Gebietes während eines Jahres um 10^3 bis $3 \cdot 10^5\ M_\odot$ allein auf Kosten der Gravitationsstrahlung verringern. Es fällt schwer, an die Existenz einer solch mächtigen Gravitationsstrahlung zu glauben, obwohl sie noch nicht einfachsten energetischen Erwägungen widerspricht (die Masse unserer gesamten Galaxis beträgt

$$M_{\mathrm{G}} \approx (1-3) \cdot 10^{11}\ M_\odot ;$$

jedoch ist im Gebiet des galaktischen Zentrums eine bedeutend geringere Masse konzentriert, und sogar bei einer Strahlungsleistung von $10^3\ M_{\odot}c^2$ pro Jahr könnte sie nicht aus der Galaxis im Verlauf der Zeit ausgehen, die mit ihrem Alter (mehr als 10^9 Jahre) vergleichbar ist). Die Frage nach dem möglichen Mechanismus einer solchen Strahlung bleibt vollkommen offen und, was noch wichtiger ist, die Ereignisse, die als Ankunft von Gravitationswellen interpretiert werden, wurden nur von einem Autor [77] beobachtet. Die darauf folgenden Versuche einer Reihe von Autoren (die erste Prüfung ist im Artikel [78a] dargestellt) zeugen davon, daß in der Arbeit [77] nicht Gravitationswellen, sondern irgendwelche Nebeneffekte (möglicherweise ein Apparatureffekt) beobachtet wurden.

Es muß noch hinzugefügt werden, daß alle Versuche zum Auffinden einer Korrelation zwischen den in [77] beobachteten Ereignissen und anderen Erscheinungen (Radioimpulse, Schauer in kosmischen Strahlen, Röntgenstrahlung [78b] u. ä.), die durch Prozesse großer Leistung im Kern der Galaxis hervorgerufen werden könnten, nicht zu positiven Resultaten führten.

Die Geschichte der Wissenschaft zeugt davon, daß außer Entdeckungen genügend häufig auch „Pseudoentdeckungen" gemacht werden, die letztendlich natürlich „begraben" werden. Offensichtlich gehört zur Zahl solcher Pseudoentdeckungen auch die Auffindung einer leistungsstarken Gravitationsstrahlung [77]. Dabei verwies sich aber die Aufmerksamkeit gegenüber dem Empfang kosmischer Gravitationsstrahlung als seriös und für lange Zeit attraktiv.

Der Empfang von Gravitationswellen ist einer der neuen Kanäle, auf denen Information über den Kosmos zu uns kommen kann (und wird). Deshalb sollte die Geburt der „Astronomie der Gravitationswellen" früher oder später stattfinden. Im „schlimmsten" Fall, das heißt, wenn sich im Weltall keine unerwartet leistungsstarken Quellen herausstellen, werden Gravitationswellen von Doppelsternen und Pulsaren empfangen werden, was ebenfalls hinreichend interessant ist. In diesem Fall jedoch wird schwerlich früher als in zehn Jahren mit einem Erfolg zu rechnen sein.

3.3. *Das kosmologische Problem. Über Singularitäten in der Allgemeinen Relativitätstheorie und der Kosmologie*

Die Aufgabe der Kosmologie ist die Erforschung des Raumes und der Zeit im „Großen", das heißt in großen Maßstäben, während langdauernder Zeiträume. Damit ist die Kosmologie untrennbar mit der gesamten extragalaktischen Astronomie verbunden und umfaßt ein äußerst weites Forschungsgebiet. Aber „die Frage aller Fragen" in der Kosmologie ist die Aufklärung des Charakters der Evolution des Weltalls in der Zeit selbst und die Wahl des der Wirklichkeit entsprechenden kosmologischen Modells (hier setzen wir voraus, daß die Grundbegriffe der Entwicklung der modernen Kosmologie bekannt sind; dazu berechtigt insbesondere die Möglichkeit, die Leser auf die populäre Broschüre [79] und zahlreiche andere Quellen [74, 80—82] zu verweisen).

In homogenen und isotropen kosmologischen Modellen (sie wurden zuerst von FRIEDMAN in den Jahren 1922 und 1924 betrachtet und danach von LEMAITRE und vielen anderen[1])) stellt das Weltall, in Übereinstimmung mit den Beobachtungsdaten, ein sich ausdehnendes

---

[1]) Genauer gesagt, wurde das erste relativistische kosmologische Modell und zugleich ein isotropes und homogenes Modell von EINSTEIN im Jahr 1917 vorgeschlagen (s. [83]). Jedoch war sein Modell ein statisches Modell. Es entsprach einer Lösung aus einer zweiparametrischen Schar innerhalb aller anderen Fälle nichtstationärer Lösungen, die von FRIEDMAN gefunden wurden. Dabei nahm FRIEDMAN nicht an, daß die von EINSTEIN eingeführte kosmologische Konstante Λ gleich Null ist. Bei $\Lambda = 0$ sind alle homogenen und isotropen Modelle nichtstationär. Wir vermerken, daß lokale Homogenität und Iso-

System dar. Es ist interessant, daß erst im Jahr 1934 MILNE und MCCREA die Natur einer solchen Nichtstationarität, die klassischen Charakter trägt, das heißt bei bestimmtem Herangehen schon aus der NEWTONschen Theorie der Schwerkraft hervorgeht, verstanden haben (die Sache reduziert sich einfach darauf, daß bei Vorhandensein von Schwerkraft allein, die einer Anziehung entspricht, ein System von Körpern nicht in Ruhe bleiben kann und, wenn keine Drehung vorhanden ist, sich in Abhängigkeit von den Anfangsbedingungen zusammenzieht oder ausdehnt).

Unabhängig von der Natur der Expansion ist einsichtig, daß diese sich in der Vergangenheit nicht ewig fortsetzen konnte. Und tatsächlich entstand die Expansion in allen homogenen und isotropen Modellen entweder irgendwann nach einer Kompressionsphase oder begann zu einem gewissen Moment $t = 0$, als die Stoffdichte ϱ unendlich war (Singularität). Dabei gehören alle Lösungen zur letzten Klasse, das heißt verfügen über eine Singularität, wenn die kosmologische Konstante $\Lambda = 0$ ist (dieselben Lösungen mit $\Lambda \neq 0$, die keine Singularität besitzen, befinden sich nicht in Übereinstimmung mit den Beobachtungsdaten [80c]).

Das Auftreten einer Singularität ($\varrho \to \infty$) ist logisch offenbar zulässig, weist aber nach Meinung sehr vieler und auch meiner Meinung nach auf irgendein Mißgeschick wie die Nichtanwendbarkeit oder Begrenztheit der Theorie hin. Eine Zeitlang gab es die Hoffnung, daß die Singularität in den FRIEDMANschen Modellen infolge ihrer hohen Symmetrie erscheint und daß eine solche Singularität in inhomogenen und anisotropen kosmologischen Modellen verschwindet, ähnlich wie die Abbildung im Fokus einer

---

tropie des Raumes (und des entsprechenden Modells) mit in topologischer Hinsicht verschiedenen globalen Modellen vereinbar sind. Man kann annehmen, daß außer den FRIEDMANschen Modellen eine große Anzahl noch nicht untersuchter kosmologischer Modelle existiert, die mit den vorhandenen Beobachtungsdaten übereinstimmen.

Linse verwaschen würde, wenn man ihre Form veränderte. In den letzten Jahren zeigte sich jedoch, daß dies nicht so ist [80e]: Höchst allgemeine Lösungen der ART, die kosmologischen Modellen entsprechen und anisotrop und inhomogen sind, besitzen ebenfalls einen singulären Punkt; und die Annäherung an diesen Punkt trägt, allgemein gesprochen, einen höchst eigenartigen oszillatorischen Charakter.

Offenbar scheint es nicht möglich, sich im Rahmen der ART von den Singularitäten im Zusammenhang mit der Expansion (oder dem Kollaps extrem massiver Sterne, siehe folgenden Abschnitt) zu befreien.[1]) Aber dies ist noch keinesfalls ein entscheidender Beweis zugunsten der Existenz echter Singularitäten mit $\varrho \to \infty$. Das beruht darauf, daß die ART eine klassische Theorie darstellt. Hingegen kann nicht bezweifelt werden, daß eine echte (vollständige und konsequente) Theorie des Gravitationsfeldes eine Quantentheorie sein muß. Gewöhnlich sind Quanteneffekte in der Astronomie äußerst klein, wie auch bei der Mehrzahl makroskopischer Aufgaben; aber gerade in der Nähe der Singularität wachsen die Quanteneffekte stark an. Nehmen wir beispielsweise an, daß eine Fundamentallänge l_0 existiert (s. weiter oben 2.3.). Dann hört fast unzweifelhaft die klassische ART für Abmessungen von der Größenordnung oder kleiner als l_0 und wahrscheinlich für Dichten[2]) $\varrho \gtrsim \varrho_0 \approx \hbar/cl_0^4$ auf zu „funktionieren“. Bei $l_0 \approx 10^{-16}-10^{-17}$ cm beträgt die Dichte $\varrho_0 \approx 10^{26}-10^{30}$ g/cm³. Man kann annehmen, daß in diesem Fall Dichten $\varrho \gtrsim \varrho_0$ unerreichbar sind und daß die Singularität, wie auch alle Divergenzen, verschwinden. Wenn aber keinerlei Fundamentallänge l_0 existiert, die nicht mit der Gravitation zusammen-

---

[1]) Das Gesagte erfordert Vorbehalte bei Anwendung auf Systeme mit elektrischen Gesamtladungen oder Mesonengesamtladungen ungleich Null (es handelt sich um Felder von Vektormesonen; s. [62b]).

[2]) Aus der Quantenkonstanten $\hbar$ mit der Dimension $g \cdot cm^2 \cdot s^{-1}$, der Lichtgeschwindigkeit c ($cm \cdot s^{-1}$) und der Länge l_0 (cm) kann man nur eine Größe ϱ_0 mit der Dimension $g \cdot cm^{-3}$ bilden.

hängt, dann erscheint auf der Bühne dennoch eine gewisse Gravitationslänge l_g (es ist möglich, daß auch sie die Rolle der Fundamentallänge l_0 spielt). Tatsächlich kann man aus der Gravitationskonstanten G mit der Dimension $g^{-1}cm^3s^{-2}$, der Lichtgeschwindigkeit c und der Quantenkonstanten $\hbar$ die Länge

$$l_g \approx \sqrt{G\hbar/c^3} \approx 1{,}6 \cdot 10^{-33}\ \mathrm{cm} \tag{17}$$

bilden.

Dieser Länge entspricht die Zeit $t_g \approx l_g/c \approx 0{,}5 \cdot 10^{-43}$ s und die Dichte

$$\varrho_g \approx \frac{c^5}{\hbar G^2} \approx \frac{\hbar}{c l_g^4} \approx 5 \cdot 10^{93}\ \mathrm{g \cdot cm^{-3}}. \tag{18}$$

Verschiedene Erwägungen und Abschätzungen [82] sprechen dafür, daß mit Berücksichtigung von Quanteneffekten die Dichte ϱ der Größenordnung nach nicht $\varrho_g \approx 10^{94}\ \mathrm{g \cdot cm^{-3}}$ übertreffen kann. Dabei sollte, abgesehen vom Anwachsen verschiedener Fluktuationen in der Nähe der Singularität, offenbar stürmische Paarerzeugung verschiedener Teilchen stattfinden. Daraus folgt, daß man die klassischen singulären Lösungen der ART nicht ins Gebiet von Dichten, die größer als ϱ_g sind, und zur Singularität überhaupt extrapolieren kann. Es stimmt, daß eine konsequente Quantentheorie der Gravitation, von einer Quantenkosmologie ganz zu schweigen, noch nicht geschaffen ist. Deshalb kann man bisher nicht mit voller Sicherheit eine Grenze der klassischen Beschreibung angeben. Aber dies ändert nichts an der Schlußfolgerung, daß es notwendig ist, die Quantenkosmologie zu entwickeln. Die Lösung dieser Aufgabe ist offenbar eine außerordentlich schwierige, aber zugleich eine notwendige und eine prinzipielle Sache.

Das kosmologische Problem und die mit ihm zusammenhängende Frage der Singularitäten in der ART nehmen in der Astronomie (nach ihrem Charakter und Aufgabentyp) annähernd denselben Platz ein wie die Mikrophysik in der Physik. Außerdem begegnen sich hier offenbar die Probleme der Mikrowelt mit der Problematik der Astrophysik und Kosmologie (gar nicht zu reden von der Hypothese der Friedmonen [61, 62]). Aller Wahrscheinlichkeit nach sind zum Verständnis derartiger Fragen neue Ideen notwendig. Es ist dies ein Gebiet des Suchens, der Fehler und neuer Versuche, den richtigen Weg zu finden.

3.4. Ist in der Astronomie eine „neue Physik" nötig? Quasare und Kerne von Galaxien

Kann man Abweichungen von den klassischen Lösungen der ART irgendwo oder irgendwann im Kosmos, abgesehen von den frühen Phasen der Entwicklung des Weltalls (im Sinn der Nähe zu den klassischen Singularitäten), erwarten? Eine derartige Frage läßt sich weitergehend formulieren, wenn man anstelle von Abweichungen von der ART die noch allgemeinere Möglichkeit des Abgehens von den schon bekannten physikalischen Gesetzen in der Astronomie meint.

In einem gewissen Sinn ist dies die uralte und viele Astronomen bewegende Frage: reduziert sich die Astronomie auf die „irdische" Physik, die in unseren Laboratorien wirkt? Eine analoge Frage wird auch schon viele Jahre in Anwendung auf die Biologie diskutiert: reduziert sich alles Biologische auf die Physik, auf molekulare Vorstellungen, oder nicht?[1]) Man kann natürlich auf derartige Fragen nicht eine apriorische Antwort geben. Die am natürlichsten erscheinende Einstellung, die auch am verbreitetsten ist, kann man so formulieren: Laßt uns die bekannte Physik ohne Einschränkungen anwenden;

[1]) Die Evolution der Ansichten bezüglich dieser Frage besteht im großen und ganzen in einer immer größeren und häufig auch unbegrenzten Ausweitung des „Wirkungsradius" der Physik in der Biologie. Lehrreich ist die Änderung der Ansichten von BOHR in dieser Hinsicht (s. [71] und die dort erwähnten Zitate).

wenn auf diesem Weg tatsächlich unüberwindliche Schwierigkeiten auftreten, dann sind wir bereit, neue Vorstellungen zu analysieren und uns auf einen gewissen Bruch oder eine Verallgemeinerung physikalischer Theorien einzulassen. Wahrscheinlich stimmen mit einer solchen Formulierung fast alle überein, aber dies bedeutet noch längst nicht die Einigkeit aller Ansichten, weil das Problem darin besteht, wann man die Schwierigkeiten für unüberwindlich hält!

Die Physiker, die sich mit Astronomie beschäftigen, sind in dieser Beziehung gewöhnlich bedeutend konservativer (wie ich überzeugt bin, im „guten" Sinn dieses Wortes, nämlich im Sinn eines „gesunden Konservatismus" oder der Fundamentalität der Ansichten) als „reine" Astronomen. Es entsteht der Eindruck, daß bei einigen Astronomen buchstäblich ein gewisses inneres Bedürfnis vorhanden ist, sich von physikalischen Fesseln zu befreien und über die bekannten physikalischen Gesetze hinauszugehen. Wir führen beispielsweise eine solche Bemerkung von JEANS [84] an: „Jedes Ausbleiben einer Erklärung der Herkunft der Spiralarme macht es schwerer und schwerer, dem Verdacht zu widerstehen, daß in den Spiralnebeln uns völlig unbekannte Kräfte wirken, die vielleicht neue und unerwartete metrische Eigenschaften des Raumes ausdrücken. Die beharrlich sich aufdrängende Vermutung besteht darin, daß die Zentren der Nebel den Charakter singulärer Punkte besitzen. In diesen Punkten fließt die Materie aus irgendeinem anderen und völlig fremden Raum in unsere Welt hinein. Damit erscheinen dem Bewohner unserer Welt die singulären Punkte als Stellen, wo unaufhörlich Materie erzeugt wird."

Auf diese Ansichten von JEANS beruft man sich heutzutage manchmal beinahe wie auf eine Prophezeiung. Aber sie wurden doch im Jahr 1928 veröffentlicht, als über den Bau der Galaxien noch nicht so viel bekannt und die Theorie ihrer Evolution noch nicht entwickelt war (heutzutage hält man die Frage der Herkunft der Spiralarme im wesentlichen für geklärt).

In unserer Zeit wissen wir über Galaxien unvergleichlich viel mehr; insbesondere ist die Existenz eines gewissen Kerns, der eine wichtige Rolle spielt und manchmal aktiv ist [85, 86], festgestellt. Aber folgen daraus auch die bei weitem radikaleren Annahmen von Jeans [84] und Ambarzumjan [85] über die Rolle der Kerne als Quellen des Stoffes (s. ebenfalls [85e]) oder darüber, daß diese Kerne „eine neue Form der Existenz der Materie, die möglicherweise der modernen Physik überhaupt unbekannt ist, darstellen“ [85c]?

Nach Meinung der Mehrheit der Astrophysiker ist dies nicht so, und die Möglichkeit, alle in den Galaxien und ihren Kernen und ebenso in den Quasaren [86b, c] beobachtbaren Erscheinungen ohne Zuflucht zu wesentlich neuen physikalischen Vorstellungen zu erklären, ist bei weitem nicht ausgeschlossen, sondern im Gegenteil sehr wahrscheinlich. Die galaktischen Kerne können durchaus in ihrem zentralen Teil extrem massive Plasmakörper ($M \simeq 10^9 M_\odot$, $r \approx 10^{17}$ cm) mit schnellen inneren Rotationsbewegungen und magnetischen Feldern [86e] darstellen oder enthalten.

Annähernd das gleiche kann man auch über das Problem der Massendiskrepanz, der „fehlenden Massen“ in Galaxiehaufen sagen. Solche Haufen sollten nur in dem Fall stabil sein, wenn ihre Gesamtenergie, die gleich der Summe aus der kinetischen Energie und der potentiellen Energie der Gravitationswechselwirkung ist, negativ ist (die Energie der Gravitationswechselwirkung ist negativ, weil angenommen wird, daß sie bei genügender Entfernung der Massen voneinander gegen Null strebt). Hingegen werden deutlich stabile Galaxiehaufen beobachtet, deren Gesamtenergie sich als positiv erweist [87], wenn nur die bekannten Massen berücksichtigt werden (das heißt in der Hauptsache die Massen der in den Galaxien enthaltenen Sterne). Die Lage würde sich ändern, wenn es gelingen würde, in den Haufen noch nicht beobachtete Massen zu finden, die einen genügend hohen Beitrag zur Gravitationswechselwirkung ergeben und damit die Haufen stabilisieren. Der wahrscheinlichste Kandidat für die Rolle der „fehlenden Masse“ sind leuchtkraftschwache Sterne, die sich in den Haufen befinden [87f.].

Eine andere Möglichkeit stellen kollabierende Massen dar (siehe 3.5. und [87d]; wir erwähnen noch die Hypothese [87e], nach der die Haufen sich auf Kosten des Einfangs von Neutrinos stabilisieren können, falls die Ruhmasse dieser Teilchen nicht gleich Null, wenngleich auch sehr klein ist). Jedoch ist die Auffindung von interstellarem Gas und ebenso von kollabierenden Massen in den Galaxiehaufen äußerst schwierig, und man hat hierzu noch keine Resultate erhalten. Deshalb nimmt auch die Mehrzahl der Astronomen und Physiker an, daß die „fehlenden Massen“ noch entdeckt werden und somit alles „auf seinem Platz bleibt“. Aber bisher ist das nicht bewiesen, und es bleibt Raum für verschiedene Hypothesen, insbesondere für die Annahme einer Verletzung der bekannten Gesetze der Physik in den Abmessungen der Haufen (gemeint sind die Gesetze der Mechanik und das NEWTONsche Gesetz der universellen Schwerkraft, weil Effekte der ART für die Haufen sehr klein sind). Wenn irgendwo in den Haufen (z. B. in den in die Zusammensetzung der Galaxien eingehenden Kernen) neuer Stoff erzeugt wird, dann gibt es zur Erklärung der Beobachtungen ebenfalls keine Notwendigkeit, zur Zeit unsichtbare Massen aufzufinden; dann könnte die Stabilität der Haufen eine nur scheinbare sein (es erscheinen fortwährend neue Galaxien, das heißt, sie werden erzeugt, während andere Galaxien aus den Haufen verschwinden). Wie gesagt, bleibt die Frage offen, und man kann sich keineswegs einfach um die entstehenden Schwierigkeiten herumdrücken; aber es fällt auch schwer daran zu glauben, daß die Massendiskrepanz in den Haufen die Notwendigkeit belegt, grundlegende Gesetze der Physik zu ändern.

Zugleich zwingen obige Hinweise auf die „Mehrheit“, sich an GALILEI zu erinnern, der unterstrichen hat, daß in Fragen der Wissenschaft die Meinung eines einzelnen wertvoller sein kann als die Meinung Tausender. Deshalb wird hier ganz und gar nicht gefordert, die „Mehrheit“ als Argument zugunsten unbegrenzter Anwendung der uns bekannten physikalischen Gesetze auszunutzen; es soll lediglich die vorhandene Situation konstatiert werden. Wenn sie richtig dargestellt worden ist, reduziert sie sich darauf, daß die „astronomische öffentliche Meinung“ noch nicht, geschweige denn die „physikalische öffentliche Meinung“ die Beweiskraft der Argumente für die Notwendigkeit, wesentlich neue physikalische Vorstellungen zum Verständnis der Prozesse in den Kernen von Galaxien, in Quasaren und in Galaxiehaufen einzuführen, anerkannt hat.

Die Frage der Möglichkeit einer Entdeckung neuer fundamentaler Gesetze der Physik im astronomischen Bereich hat auch einige andere Aspekte. Hier unterstreichen wir, abgesehen vom oben Gesagten, nur folgendes: Die Notwendigkeit der Einführung neuer physikalischer Vorstellungen ruft an und für sich keine Zweifel hervor. Dies ist offenkundig notwendig im Gebiet der Mikrophysik und höchst wahrscheinlich in Hinsicht auf das kosmologische Problem und überhaupt bei Annäherung an die Singularitäten, die in den Lösungen der klassischen ART, das heißt der Nichtquantentheorie des Gravitationsfeldes, erscheinen. Aber man kann keineswegs behaupten, daß neue fundamentale Vorstellungen und Gesetze der Physik in jenen Gebieten oder für jene Objekte unbedingt eingeführt bzw. entdeckt werden müssen, bei denen die Bedingungen (Dichte, Temperatur usw.) sich nicht außerhalb des schon in der Physik Bekannten befinden. Andererseits kann man auch unter ähnlichen Bedingungen, aber in Anwendung auf solche Systeme wie die Kerne von Galaxien, Quasare und Galaxiehaufen, die Möglichkeit der Entdeckung prinzipieller Momente, die beispielsweise mit der Anwesenheit gewaltiger Massen und kosmischer Abstände, mit der Rolle von Prozessen sehr geringer Wahrscheinlichkeit und ähnlichem zusammenhängen, nicht ausschließen. Mit anderen Worten, man muß den Schwerpunkt des Problems auf einen konkreten Boden verlagern. Es versteht sich, daß ein solcher Schluß trivial ist. Er hat jedoch das Ziel, die Haltlosigkeit der manchmal anzutreffenden Ansichten zu unterstreichen, nach denen aus der Relativität und Unvollständigkeit unseres Wissens die Notwendigkeit neuer Vorstellungen und Gesetze hervorgeht, selbst wenn Hinweise auf die Nichtanwendbarkeit der schon bekannten Physik fehlen (ausführlicher s. [88]).

Daher halte ich es für sehr wahrscheinlich, daß zur Erklärung der Prozesse in den Kernen von Galaxien, in Quasaren und in Galaxiehaufen keinerlei „neue Physik" nötig ist. Aber vielleicht ist sie dennoch nötig, und auf jeden Fall befinden sich gerade die galaktischen Kerne, die Quasare und die Galaxiehaufen „unter Verdacht", und gerade für sie werden Abweichungen von der ART, vom Gesetz der Erhaltung der Baryonenladung und dergleichen mehr gesucht. Auch wegen der außerordentlich wichtigen Rolle, die in der gesamten Astronomie und Kosmologie die Kerne von Galaxien, die Quasare und die Galaxiehaufen spielen, bildet ihre Erforschung ein Problem von hervorragender Bedeutung. Es handelt sich dabei nicht nur um das Verständnis des Baus und der Dynamik der aufgezeigten Objekte, sondern auch um ihre Herkunft. Übrigens entstand die Frage der Herkunft der Galaxien und Galaxiehaufen lange vor der Entdeckung der galaktischen Kerne und der Quasare. Die Unabhängigkeit einer derartigen Frage wird schon daraus deutlich, daß bei weitem nicht alle Galaxien einen ausgeprägten Kern besitzen. Die Ursachen der Bildung von Galaxien und ihrer Haufen auf dem Hintergrund der allgemeinen Ausdehnung des Weltalls bleibt ungeklärt und strittig [89]. Die Aufklärung und Untersuchung dieser Ursachen ist eine der wichtigsten Aufgaben der Astronomie.

3.5. *Neutronensterne und Pulsare. Physik der „schwarzen Löcher“ und der „weißen Löcher“*

Die Hypothese der Existenz von Neutronensternen wurde, soweit sich dies feststellen ließ, im Jahr 1934 aufgestellt [90] und danach viele Jahre breit diskutiert (siehe [91a] und die in [91b, c] zitierte Literatur), jedoch nur in theoretischer Hinsicht. Die Versuche, Neutronensterne zu entdecken, erschienen anfangs als fast hoffnungslos,[1]) doch danach ergaben sich Hoffnungen, solche Sterne, solange sie noch heiß sind ($T \approx 10^6-10^7$ K), durch ihre Röntgenstrahlung zu bemerken. Faktisch wurden Neutronensterne in den Jahren 1967—1968 durch ihre spezifische periodische Radiostrahlung entdeckt; wir meinen damit die Entdeckung von Pulsaren, deren Identifizierung mit Neutronensternen zur Zeit allgemein akzeptiert wird [79, 92]. Mit der Erforschung von Neutronensternen und Pulsaren (ein Gleichheitszeichen kann man hier nicht setzen, umso weniger, als nicht alle Neutronensterne eine beobachtbare pulsierende Strahlung geben müssen) ist eine sehr große Anzahl von Problemen verbunden. Aber dasselbe kann man auch über Sterne einer beliebigen Klasse sagen. So werden Neutronensterne und Pulsare hier wegen einiger spezieller Umstände erwähnt.

Erstens besteht der größere Teil eines Neutronensterns aus Stoff mit Dichten, die in den Grenzen von 10^{11} bis 10^{15} g · cm^{-3} liegen. Die Zustandsgleichung und alle Stoffeigenschaften bei solchen Dichten sind wenig bekannt, und ihre Erforschung bildet eine wichtige Aufgabe [93a]. Besonders kann man hier die Frage der Superfluidität einer Neutronenflüssigkeit und der Supraleit-

---

[1]) Der Radius eines Neutronensterns beträgt $r_0 \approx 10-30$ km, das heißt, er ist um fünf Größenordnungen kleiner als der Sonnenradius $r_\odot = 7 \cdot 10^5$ km. Deshalb würde bei einer ebensolchen Temperatur wie auf der Sonne $T_\odot \approx$ 6000 K die Photosphäre eines Neutronensterns um 10 Größenordnungen weniger Licht als die Sonne ausstrahlen.

fähigkeit einer Protonenflüssigkeit in Neutronensternen vermerken [92, 93]. (Bei Dichten $\varrho \approx 10^{13} - 10^{15}\,\mathrm{g \cdot cm^{-3}}$ sind Protonen und natürlich Elektronen den Neutronen mit einigen Prozent beigemischt; da Neutronen, Protonen und Elektronen unter solchen Bedingungen entartete FERMI-Systeme bilden, erweist sich in einer gewissen Näherung die Annahme als möglich, daß dieses Gemisch gleichsam aus unabhängigen Neutronen-, Protonen- und Elektronenflüssigkeiten besteht.)

Zweitens bleibt das Problem des Zentralgebiets von Neutronensternen ungeklärt, wo bei Dichten $\varrho \gtrsim 5 \cdot 10^{14}$ bis $10^{15}\,\mathrm{g \cdot cm^{-3}}$ (ob sie erreicht werden, hängt von der Masse des Sterns ab), abgesehen von Nukleonen und Elektronen, in bedeutender Menge Mesonen und Hyperonen (das heißt eine große Anzahl von Sorten stark wechselwirkender Teilchen, der Hadronen) auftreten, weshalb die Zustandsgleichung kaum bekannt ist [93a, c, d].

Wenn man nicht hypothetische, im Gebiet nahe der Singularitäten (Kosmologie, Kollaps) mögliche Zustände berücksichtigt, dann ist die Stoffdichte in den zentralen Bezirken von Neutronensternen die größte in der Natur anzutreffende. Dies spricht für sich selbst.[1]) Wir fügen hinzu, daß die Gravitationsfelder in Neutronensternen ebenfalls die größten sind (wiederum mit Ausnahme der Felder, mit denen man es bisher nur in der Theorie bei der Analyse des kosmologischen Problems und des Kollaps zu tun hat). Damit ist deutlich, daß sich Abweichungen von der ART, falls sie existieren, in erster Linie für Neutronensterne zeigen sollten.

---

[1]) Im Abschnitt 3.3. wurde darauf hingewiesen, daß im Fall der Existenz einer Fundamentallänge l_0 die Verletzung der bekannten Gesetze bei $\varrho_0 \approx \hbar/cl_0^4$ beginnen kann. Da in Atomkernen $\varrho_K \approx 3 \cdot 10^{14}\,\mathrm{g \cdot cm^{-3}}$ ist und schroffe Anomalien „fundamentalen Typs" nicht beobachtet werden, kommen wir zur Abschätzung $l_0 \lesssim (\varrho_K c/\hbar)^{1/4} \approx 10^{-13}\,\mathrm{cm}$, an der man auch aus überzeugenderen Erwägungen schwer zweifeln kann (wie erwähnt wurde, nimmt man zur Zeit an, daß $l_0 \lesssim 10^{-15} - 10^{-17}\,\mathrm{cm}$ ist).

Trotzdem sind die zentralen Gebiete hinreichend massiver Neutronensterne, wo $\varrho > \varrho_K$ ist, unverkennbar auch für die Mikrophysik interessant.

Drittens ist die Elektrodynamik von Pulsaren und ihr Ausstrahlungsmechanismus noch nicht genügend geklärt [92]. Man kann besonders die Frage des Aufbaus der Rinde von Neutronensternen herauslösen [92], vor allem bei Berücksichtigung der Wirkung eines starken Magnetfeldes [35, 36], das für Pulsare Werte von der Größenordnung $10^{11}-10^{13}$ Oersted erreicht. Wir vermerken auch, daß abgesehen von „gewöhnlichen" Pulsaren, die Radiowellen aussenden (zur Zeit sind ungefähr 100 solcher Pulsare bekannt, wobei nur bei einem einzigen von ihnen, dem Pulsar NP 0532 im Krebsnebel, außer der Radiostrahlung zuverlässig eine optische Strahlung und eine Röntgenstrahlung entdeckt wurden), unlängst die Röntgenpulsare Cen X-3 (Centaur X-3) und Her X-1 (Herkules X-1) entdeckt wurden. Für diese Pulsare haben die Radiostrahlung und die optische Strahlung, falls sie überhaupt merklich sind, offenbar eine zweitrangige Bedeutung, solche Pulsare wurden durch ihre Röntgenstrahlung entdeckt und werden danach untersucht [94]. Noch wichtiger ist der Fakt, daß Röntgenpulsare, im Unterschied zu „gewöhnlichen", als Komponente enger Doppelsterne auftreten.

Deshalb spielt die Akkretion, das heißt der Einfall von Stoff auf den Stern, eine wesentliche Rolle für das Verständnis des Strahlungscharakters. Im gegebenen Fall handelt es sich um das Hinüberfließen von Stoff aus der einen Komponente des Doppelsterns (diese Komponente ist ein mehr oder minder gewöhnlicher Stern) auf die kompakte Komponente des Doppelsterns, den Neutronenstern.[1])

Alle aufgezählten Probleme und Fragen, die mit Neutronensternen und Pulsaren zusammenhängen, enthalten viele komplizierte und völlig unklare Momente. Der

---

[1]) Logisch ist es nicht ausgeschlossen, daß die Rolle eines kompakten Sterns ein weißer Zwerg spielt. Im Prinzip können nicht nur Neutronensterne, sondern auch weiße Zwerge Pulsare sein (mit Perioden $P > 1-3$ s). Die Beobachtungen geben bisher keine entsprechenden Hinweise.

Zusammenhang mit einer Reihe von zentralen Fragen der Physik und Astronomie ist offensichtlich. Deshalb wird die Erforschung von Neutronensternen und Pulsaren wahrscheinlich noch viele Jahre im Mittelpunkt der Aufmerksamkeit stehen. Aber während bis zu den Jahren 1967—1968 die Auffindung von Neutronensternen ein Traum war, gehen jetzt Neutronensterne allmählich in die Rolle mehr oder minder bekannter, wenngleich noch wenig erschlossener, Objekte über (und dies ist natürlich).

Die Aufmerksamkeit richtet sich neuerdings auch auf die Suche nach noch exotischeren Sternen, den „schwarzen Löchern". Tatsächlich hat die Frage eine vierzigjährige Geschichte (wie wir sehen werden, wurde ihr Anfang in gewissem Sinne schon im 18. Jahrhundert gelegt) und hängt mit der Erforschung stabiler Konfigurationen, der erkalteten „toten" Sterne zusammen.

Die Sterne sind erhitzt und leuchten dank der in ihrem Innern stattfindenden Kernreaktionen. Der in einem heißen Stern vorhandene Druckgradient gestattet es ihnen nicht, sich unter dem Einfluß der Gravitationskräfte zusammenzuziehen, das heißt, er erhält einen Zustand des Quasigleichgewichts aufrecht. Wenn aber der Kernbrennstoff ausgebrannt ist, zieht sich der Stern zusammen und müßte in irgendeinen Endzustand („kalten" Zustand) übergehen. Wenn der Stern sich nur langsam oder praktisch überhaupt nicht dreht, findet das Erkalten ohne Explosionen statt, und wenn die Masse des Sterns $M < 1{,}2\ M_\odot$ ($M_\odot = 2 \cdot 10^{33}$ g ist die Sonnenmasse) beträgt, dann ist der Endzustand die Konfiguration eines weißen Zwergs (Radius 10^3—10^4 km, mittlere Dichte $\varrho \approx 10^5$—10^{10} g/cm^3). Das Gleichgewicht des Sterns wird dabei auf Kosten des „Null"-Druckes des Elektronengases aufrecht erhalten.[1]) Der Stern jedoch

[1]) Solche Sterne werden in einem Zustand beobachtet, in dem noch eine gewisse Menge „Brennstoff" in ihnen verblieben ist. In Verbindung mit der geringen Oberfläche (im Vergleich zu gewöhnlichen Sternen) führt dies dazu, daß die Temperatur der Oberfläche (Photosphäre) weißer Zwerge üblicherweise ge-

„will nicht“ sterben; im Prozeß des Ausbrennens des Kernbrennstoffs explodiert er manchmal, indem er einen Teil der Masse fortschleudert (solche Explosionen werden als Erscheinen von Novae und Supernovae beobachtet). Vielleicht (dies ist noch nicht klar) verschwindet bei einer derartigen Explosion der Stern überhaupt (das heißt seine gesamte Masse wird fortgeschleudert), aber es gibt auch andere, wahrscheinlichere Möglichkeiten. Eine von ihnen ist das Übrigbleiben eines Sterns mit $M < 1{,}2\ M_\odot$, der danach in den Zustand eines weißen Zwergs übergeht. Eine andere Möglichkeit ist das Erscheinen eines Neutronensterns, der sich im Ergebnis der starken Kontraktion der zentralen Teile des Ausgangssterns bei der Explosion bildet. Wenn die Masse des Neutronensterns $M < 1{,}2\ M_\odot$ ist, dann besitzt der Stern im erkalteten Zustand zwei stabile Gleichgewichtslagen. Welche von ihnen erreicht wird (ein weißer Zwerg oder ein Neutronenstern), hängt von der „Geschichte“ der Sternbildung ab (bei langsamer Evolution bildet sich natürlich ein weißer Zwerg).[1]) Was ereignet sich aber nun mit einem massiveren Stern ($M > 1{,}2\ M_\odot$), wenn er nicht die Hülle abwerfen und sich somit von einem Teil der Masse befreien kann?

Infolge der unzureichenden Kenntnis der Zustandsgleichung ist zur Zeit noch unklar, welche maximale Masse ein Neutronenstern besitzen kann. Es ist jedoch sichergestellt, daß eine solche Masse M_{max} existiert

nügend hoch ist und sie als „weiß“ erscheinen, das heißt, in ihrem Spektrum dominiert die kurzwellige optische Strahlung. Aber es sind auch rote „weiße Zwerge“ bekannt, und das Endstadium des Lebens jedes beliebigen weißen Zwergs (beim Fehlen von Akkretion) ist ein „schwarzer Zwerg“, das heißt ein vollständig kalter und deshalb auch nichtstrahlender dichter Stern. Die Frage der Evolution der Sterne, besonders in ihren letzten Stadien, wird ausführlich in [91c] behandelt.

[1]) Natürlich ist auch für eine Masse $M < 1{,}2\ M_\odot$ einer der Zustände energetisch günstiger. Aber diese Zustände sind, allgemein gesprochen, durch eine gigantische Potentialbarriere getrennt. Nur bei einer Explosion oder in deren Folge kann der Stern den Zustand eines weißen Zwerges „durchspringen“ und sich in einen Neutronenstern umwandeln.

und daß sie (2—3) $M_\odot$ nicht übertrifft. Deshalb ist für Sterne mit einer Masse $M > 1{,}2\ M_\odot$, aber geringer als $M_{max} \approx (2-3)\ M_\odot$, der Endzustand ein Neutronenstern.[1]) Im Fall noch massiverer kalter Sterne kann keinerlei Stoff der Schwerkraft widerstehen, und der Stern wird sich unbegrenzt zusammenziehen, das heißt, er kollabiert, verwandelt sich in ein „schwarzes Loch". Es ist jedoch sehr schwierig, die Frage der „schwarzen Löcher" kurz und gleichzeitig verständlich und dazu noch mit möglichst geringer Stützung auf die Allgemeine Relativitätstheorie zu beleuchten. Außerdem würde dies den bisher benutzten Darlegungsstil verletzen. Deshalb führen wir hier nur Literaturzitate an (siehe [91c, 95a] und ebenfalls [61, 62, 74, 80b, 95]) und machen nur einige Bemerkungen.

Eine wichtige Rolle im Prozeß des relativistischen Kollaps spielt der Gravitationsradius

$$r_g = 2GM/c^2 \approx 3(M/M_\odot)\ \text{km}, \tag{19}$$

wobei M die Masse des Körpers, $G = 6{,}67 \cdot 10^{-8}$ die Gravitationskonstante und $c = 3 \cdot 10^{10}\ \text{cm} \cdot \text{s}^{-1}$ die Lichtgeschwindigkeit ist; für die Sonne ($M_\odot = 2 \cdot 10^{33}$ g) beträgt der Gravitationsradius $r_g \approx 3$ km, während der Radius der Photosphäre $r_\odot \approx 7 \cdot 10^5$ km ist. Für einen „äußeren Beobachter", das heißt, beim Empfang der Strahlung des Sterns in großem Abstand, spielt der Gravitationsradius die Rolle des kleinsten Radius der Oberfläche des kontrahierenden Sterns, da Licht (und Signale jeder beliebigen anderen Natur) den Stern nur in Abständen $r > r_g$ verlassen kann. Wenn der Sternradius im begleitenden (das heißt mit dem Sternmaterial

---

[1]) Es ist nicht ausgeschlossen, das die maximale Masse von Neutronensternen M_{max} kleiner ist als die maximale Masse weißer Zwerge, die (1,2—1,3) $M_\odot$ beträgt. Außerdem wird vorausgesetzt, daß sich die Sterne nicht zu schnell drehen (das Schicksal von sich schnell drehenden Sternen ist noch in vieler Hinsicht unklar; es ist durchaus möglich, daß sie im Zuge der Kontraktion ihre Stabilität verlieren und in einige Sterne zerfallen). Diese Vorbehalte sind jedoch im Rahmen unserer Darlegung unwesentlich (ausführlich s. [91c, 95]).

verbundenen) Bezugssystem kleiner als r_g ist, dann kommt das Licht nicht nach außen heraus, es wird gleichsam vom Stern eingefangen und fällt zusammen mit dem ihn bildenden Stoff zum Zentrum. Dieser Effekt ist nicht notwendig mit der ART in dem Sinn verbunden, daß man ihn nur in ihrem Rahmen erhält. Im Gegenteil, schon LAPLACE bemerkte im Jahr 1798 (indem er sich, so versteht sich, nur auf die NEWTONsche Mechanik und das universelle Schwerkraftgesetz stützte), daß im Fall eines hinreichend massiven Sterns die Lichtstrahlen ihn nicht verlassen können und „daß aus diesem Grund die größten leuchtenden Körper im Weltall für uns unsichtbar sein werden" (zitiert nach dem Artikel [95a], weil das Werk von LAPLACE schwer zugänglich ist). Die Argumentation von LAPLACE war dabei richtig, und darüber hinaus ergab sich auch der richtige Ausdruck für den Gravitationsradius.

Nehmen wir in der Tat an, daß Licht aus Korpuskeln mit einer Masse m besteht (in Übereinstimmung mit modernen Vorstellungen kann man $m = \hbar\omega/c^2$ annehmen, wobei $\hbar\omega$ die Energie eines Photons ist). Ein solches Korpuskel kann sich aus dem Abstand r vom Körper mit der Masse M in die Unendlichkeit unter der Bedingung entfernen, daß $GmM/r = {}^1/_2\, mv^2$ ist, wobei v die Radialgeschwindigkeit des Korpuskels ist. Indem wir $v = c$ (Lichtgeschwindigkeit) annehmen, erhalten wir daraus die Bedingung $r = 2GM/c^2$, wobei die Masse m keine Rolle spielt. Daraus folgt aber gerade, daß bei Abständen $r < r_g = 2GM/c^2$ das Licht nicht nach außen dringen kann. Diese Rechnung ist allerdings inkonsequent, weil faktisch für Körper mit einer Geschwindigkeit v, die mit der Lichtgeschwindigkeit c vergleichbar ist, die kinetische Energie gleich $\dfrac{mc^2}{\sqrt{1 - v^2/c^2}} - mc^2$ und nicht ${}^1/_2\, mv^2$ ist. In dieser Hinsicht ist das Zusammenfallen des Grenzradius von LAPLACE mit r_g in gewissem Sinn zufällig. Aber die Tatsache, daß die NEWTONsche Theorie fähig ist, qualitativ und manchmal auch quantitativ Effekte der ART zu beschreiben, ist durchaus nicht zufällig; man darf nicht vergessen, daß die klassische Mechanik und die Theorie der Schwerkraft in der ART als Grenzfall enthalten sind.[1])

Wir wollen jedoch zu den „schwarzen Löchern" zurückkehren. Die Benennung selber hängt damit zusammen, daß nach Verlauf einer gewissen Zeit τ der kollabierende Stern für einen äußeren Beobachter erlischt, das heißt, unsichtbar wird. Die Zeit τ hängt von den Anfangsbedingungen, der Empfindlichkeit der Apparatur und dergleichen mehr ab, beträgt aber der Größenordnung nach

$$\tau \approx r_g/c \approx 10^{-5}\,(M/M_\odot)\ \mathrm{s}, \tag{20}$$

das heißt, das Verlöschen findet sehr schnell statt (zumindest für Sterne mit einer Masse $M \approx M_\odot$, nicht jedoch, sagen wir, für galaktische Kerne und Quasare mit $M \approx 10^9\,M_\odot$, obwohl auch in diesem Fall die Zeit τ hinsichtlich astronomischer Maßstäbe klein ist).[2]) Trotzdem kann

---

[1]) Im Abschnitt 3.3. wurde schon erwähnt, daß die Nichstationarität des Weltalls dem Wesen nach klassischen Charakter trägt (darüber hinaus kann man aus der NEWTONschen Theorie die Evolutionsgesetze FRIEDMANscher Modelle des Weltalls erhalten [80]). Auf die Ablenkung der Lichtstrahlen im Feld der Sonne, die von EINSTEIN im Jahr 1911 vorausgesagt worden ist, wurde erstmals schon im Jahr 1801 von SOLDNER hingewiesen, der dasselbe quantitative Resultat erhielt (Berechnung und Zitat siehe in [96], da der Artikel von SOLDNER schwer zugänglich ist). Im weiteren (im Jahr 1915) klärte in der Tat EINSTEIN, daß faktisch die Strahlablenkung doppelt so groß sein sollte, wie von ihm im Jahr 1911 und von SOLDNER im Jahr 1801 angegeben. Die Beobachtungen befinden sich, wie in Abschnitt 3.1. erwähnt, in Übereinstimmung (mit einer Genauigkeit bis zu annähernd 10%) mit dem Resultat von EINSTEIN aus dem Jahr 1915, das aus der ART folgt (im Jahr 1911 war die ART noch nicht abgeschlossen, und EINSTEIN benutzte lediglich Erwägungen, die auf dem Äquivalenzprinzip, das im gegebenen Fall nicht ausreichend ist, beruhten).

[2]) Um Mißverständnissen vorzubeugen, bemerken wir, daß die Zeit $\tau \approx r_g/c$ die letzte relativistische Kollapsphase, wenn der Radius des Sterns $r \approx r_g$ ist (sagen wir $r \lesssim 3r_g$), charakterisiert. Die Kompression des Sterns bis zu einem Radius $r \approx r_g$ kann langsam erfolgen, aber während dieser gesamten Zeit ist der Stern noch sichtbar.

man keineswegs sagen, daß ein „schwarzes Loch“ verschwindet. Vor allem muß man bedenken, daß sein Gravitationsfeld erhalten bleibt und bei $r \gg r_g$ das Gravitationspotential des Sterns durch den üblichen Ausdruck $\varphi = -GM/r$ beschrieben wird. Deshalb wirkt ein „schwarzes Loch“ als eine Komponente eines Doppelsterns auf den zweiten Stern so wie ein gewöhnlicher Stern. In erster Linie wird deshalb auch vorgeschlagen, „schwarze Löcher“ so zu suchen: Man muß Doppelsysteme finden, in denen einer der Sterne nicht strahlt, aber seine Masse $M > 3M_\odot$ ist und er deshalb kein Neutronenstern oder erloschener (schwarzer) weißer Zwerg ist. Dies ist keine leichte Aufgabe [91c, 97], aber vielleicht gibt es schon einen Erfolg, indem ein „schwarzes Loch“ in der Röntgenquelle Cyg X-1 (Schwan X-1) [98] gefunden wurde. Man kann im vorliegenden Fall allerdings nicht sagen, daß das „schwarze Loch“ unsichtbar ist; umso besser! Aber es bleibt zu klären, ob das nicht dem oben Gesagten widerspricht. Ein „schwarzes Loch“ ist tatsächlich nicht selbst sichtbar (für die Zeit $t \gg \tau$; siehe (20)); aber das bezieht sich nicht unbedingt auf einen Stoff, der auf den Stern, das „schwarze Loch“, fällt. Dabei (bei Akkretion) kann das einfallende Gas Turbulenzen zeigen; mit seiner Annäherung an das Gebiet mit $r \approx r_g$ wachsen im Gas die Magnetfelder an, und einige Teilchen werden beschleunigt. So strahlt der einfallende Stoff (beispielsweise Synchrotronstrahlung) und kann folglich beobachtet werden. Ein charakteristischer Zug der entstehenden Strahlung ist ihre Veränderlichkeit mit einer Quasiperiode $P \approx \tau \approx r_g/c \approx 3 \cdot 10^{-5}-10^{-4}$ s (bei $M \approx (3-10)\,M_\odot$). Deshalb werden die infolge der Akkretion leuchtenden „schwarzen Löcher“ „Fluktuare“ genannt [98c]. Die Röntgenquelle Cyg X-1 bildet erstens eine Komponente eines ziemlich engen Doppelsystems (Periode 5–6 Tage), was eine gewaltige Akkretion gewährleistet und ziemlich sicher zur Röntgenstrahlung führt (dasselbe kann man auch über die Röntgenpulsare Cen X-3 und Her X-1 sagen, bei denen die kompakte Komponente des Doppelsterns kein „schwarzes Loch" ist, sondern wahrscheinlich ein Neutronenstern; siehe oben). Zweitens ist im Unterschied zum erwähnten Röntgenpulsar die Strahlung im Fall des Cyg X-1, obgleich sie stark fluktuiert, ohne definierte Periode [98]. Bedauerlicherweise wurden Fluktuationen mit der charakteristischen Zeit $\tau \approx 10^{-4}$ s noch nicht beobachtet (es gab keine entsprechende Apparatur), und es wurden lediglich Schwankungen in einer Zeit von der Größenordnung Bruchteile einer Sekunde oder Sekunden fixiert. Andererseits führt die Abschätzung der Masse der kompakten Komponente zu einem Wert $M \approx 10$ bis $20\ M_\odot$, was ebenfalls zugunsten ihrer Identifizierung mit einem „schwarzen Loch" spricht [98c, 98d]. Weil es jedoch keine Garantie gibt, daß die Röntgenquelle Cyg X-1 richtig mit einer optischen Quelle identifiziert wurde, und auch einiger anderer Gründe [97, 98] wegen kann die Identifizierung von Cyg X-1 mit einem „schwarzen Loch" nicht als endgültig gelten. Der überzeugendste Beweis für ein „schwarzes Loch" wäre die Beobachtung schneller Fluktuationen der Helligkeit (in jedem beliebigen Teil des Spektrums) mit der charakteristischen Quasiperiode $P \approx 10^{-4}$ s.

In ein „schwarzes Loch" kann sich im Prinzip nicht nur ein gewöhnlicher Stern (mit einer Masse $M \approx M_\odot$), sondern auch ein noch massiverer Quasar oder ein galaktischer Kern umwandeln. Insbesondere wurde die Hypothese ausgesprochen, daß sich im Zentrum unserer Galaxis und in einigen anderen Galaxien Kerne befinden, die abgestorbene Quasare, das heißt Quasare, die sich in „schwarze Löcher" verwandelt haben, darstellen [86d, 99]. Die Aktivität solcher galaktischer Kerne sollte mit Akkretion verbunden sein, und dann sind sie dem oben betrachteten Modell der „Fluktuare" analog, unterscheiden sich aber durch bei weitem größere Abmessungen.

In nächster Zukunft darf man eine intensive Suche nach „schwarzen Löchern" und dann auch die Erforschung der Besonderheiten der in ihrer Nähe entstehenden

Strahlung und anderer Folgen erwarten. Wesentlich ist dabei die Berücksichtigung der Rotation der „schwarzen Löcher" und der Möglichkeit, daß bei hinreichend schneller Rotation anstelle eines „schwarzen Loches" Konfigurationen mit qualitativ verschiedenen Besonderheiten entstehen (gemeint sind die „nackten" Singularitäten; s. [95a]). Wie dem auch sei, die Erforschung der „schwarzen Löcher", erstmals explizit schon im Jahr 1939 betrachtet [95c], wurde zu einem realen astronomischen Problem und lenkt große Aufmerksamkeit auf sich. Ich denke, daß in nächster Zukunft das Interesse an physikalischen und astronomischen Prozessen und Effekten, die mit „schwarzen Löchern" zusammenhängen, nur zunimmt.

Außer den „schwarzen Löchern" erschienen unlängst im astronomischen Vokabular auch die „weißen Löcher". Wir stellen uns vor, daß ein Stern oder Superstern (Masse $M \gg M_\odot$) sich nicht zusammenzieht und nicht kollabiert, sondern, im Gegenteil, sich ausdehnt. Natürlich ist es dazu notwendig, dem Stoff eine vom Zentrum weggerichtete Anfangsgeschwindigkeit zu erteilen. Auf einen solchen, oder genauer, auf einen verwandten „Fall" ist die Astronomie schon gestoßen; das gesamte beobachtbare Weltall dehnt sich aus, nachdem es vor ungefähr 10 Milliarden Jahren mit gewaltiger „Anfangs"-Geschwindigkeit aus einem uns noch unverständlichen und unbekannten Zustand hervorgegangen ist. Könnten nicht seitdem sich innerhalb des Gravitationsradius ausdehnende Massen erhalten geblieben sein, die erst in unserer Zeit durch den Gravitationsradius „hindurchtreten" und als „weiße Löcher" sichtbar werden, die als Explosionen beobachtbar sind? So etwas ist im Prinzip offenbar möglich [91c] und wäre eine Konkretisierung der Hypothesen [84, 85] über das Ausfließen oder die „Erzeugung" von Stoff aus den Singularitäten. Deshalb ist es auch nötig, „weiße Löcher" offenbar inmitten der Quasare und Kerne von Galaxien zu suchen. Soweit uns bekannt ist, gibt es keinerlei unmittelbare Hinweise auf die Möglichkeit, irgendwelche Quasare oder Kerne von Galaxien (oder andere Objekte) mit „weißen Löchern“ zu identifizieren. [85d], s. übrigens [85e].[1])

3.6. *Ursprung kosmischer Strahlen und kosmischer Gamma- und Röntgenstrahlung*

Schon vor mehr als fünfzig Jahren wurde festgestellt, daß aus dem Kosmos eine starke durchdringende Strahlung auf die Erde kommt, die kosmischen Strahlen. Die Natur (Zusammensetzung) dieser Strahlen blieb lange unklar. Aber heute ist bekannt, daß kosmische Strahlen geladene Partikel sind: Protonen, Kerne, Elektronen und Positronen. Aus dem Kosmos kommen zu uns auch Röntgen- und Gammastrahlen und zweifellos auch Neutrinos. Es ist jedoch jetzt üblich, als kosmische Strahlen nur geladene Teilchen kosmischer Herkunft zu bezeichnen (das ist umso mehr gerechtfertigt, als im Gebiet hoher Energien die Rolle der geladenen Teilchen dominierend ist, beispielsweise bezüglich der Größe des Stromes oder der Energieabgabe). Die Konzentration kosmischer Strahlen, etwa einer kinetischen Energie E_{KS} in der Größenordnung 1 GeV und mehr, beträgt bei der Erde und in einem bedeutenden Teil der Galaxis $N_{KS} \approx 10^{-10}$ cm^{-3}, was außerordentlich klein im Vergleich zu der Konzentration von Gasteilchen $n \approx 1$ cm^{-3} in der galaktischen Scheibe und sogar im galaktischen Halo ($10^{-3} \lesssim n \lesssim 10^{-2}$) oder im intergalaktischen Medium ($10^{-7} \lesssim n \lesssim 10^{-5}$) ist. Jedoch beträgt die Energiedichte der kosmischen Strahlen $w_{KS} \approx E_{KS}N_{KS} \approx 10^{-12}$ erg · cm^{-3}, was bereits nicht mehr kleiner ist als die Dichte der inneren (kinetischen) Energie des Gases $w_G = {}^3/_2knT$

---

[1]) In der letzten Zeit zogen „schwarze Löcher“ mit sehr geringer Masse ($M \ll M_\odot$), in denen Quanteneffekte eine Rolle spielen können, große Aufmerksamkeit auf sich. Dabei strahlt ein „schwarzes Loch“ Photonen und andere Teilchen aus (s. [85e]). Es hat sich auch herausgestellt, daß „weiße Löcher“ offenbar nicht beobachtet werden können.

$\approx 10^{-14}-10^{-12}$ erg · cm^{-3} ($n \lesssim 1$ cm^{-3}, $T \lesssim 10^4$ K in der Scheibe und $T \lesssim 10^6$ K im Halo). Die Energiedichte des Magnetfeldes $w_H = H^2/8\pi$ in der Scheibe (wo $H \lesssim 5 \cdot 10^{-6}$ Oersted ist) übertrifft ebenfalls nicht w_{KS}. Somit sind die relativistischen Teilchen, die kosmischen Strahlen, schon in unserer Galaxis ein wesentlicher energetischer und dynamischer Faktor. Eine noch größere Rolle spielen die kosmischen Strahlen in den Hüllen von Supernovae, in Radiogalaxien und in Quasaren. Diese Feststellung, die eng mit der Entwicklung der Radioastronomie zusammenhängt, ist eine der wichtigsten Errungenschaften in der Astrophysik der letzten Jahrzehnte (s. [79, 100–103]).

Das Problem der Herkunft der kosmischen Strahlen wird schon Jahrzehnte diskutiert, bleibt aber immer noch „wichtig und interessant", da die Bedeutung der Frage selber außer Zweifel steht. Für die Herkunft der kosmischen Strahlen gibt es zur Zeit die Auswahl zwischen drei Modellen: metagalaktischen Modellen, galaktischen Modellen mit Halo und galaktischen Scheibenmodellen. In den metagalaktischen Modellen wird angenommen, daß der Hauptanteil der auf der Erde empfangenen kosmischen Strahlung aus der Metagalaxis kommt, das heißt, in die Galaxis von außen hineinfließt. In den galaktischen Modellen aber wird angenommen, daß die kosmischen Strahlen (vielleicht mit Ausnahme von Teilchen mit einer Energie $E_{KS} \gtrsim 10^{17}$ eV) sich in der Galaxis selbst bilden, in erster Linie bei Explosionen von Supernovae und auch in der Nähe von Pulsaren, die sich in den Hüllen von Supernovae befinden, und möglicherweise auch bei Explosionen des galaktischen Kerns. Meiner Überzeugung nach sind nur die galaktischen Modelle akzeptabel, und die Hauptfrage besteht jetzt in der Auswahl zwischen einem Modell mit Halo und einem Scheibenmodell.[1]) Im ersten füllen die kosmischen Strahlen einen quasisphärischen Halo mit der charakteristischen Abmessung $R \approx 5 \cdot 10^{22}$ cm aus; im zweiten, dem

[1]) In der letzten Zeit erschienen zusätzliche gewichtige Argumente zugunsten der Modelle mit Halo [103].

Scheibenmodell, sind sie in einer Scheibe (Radius $R \approx 5 \cdot 10^{22}$ cm, Dicke $h \approx 3 \cdot 10^{21}$ cm) konzentriert. Der Unterschied zwischen den Modellen wirkt sich am stärksten auf die mittlere Lebensdauer der kosmischen Strahlen in der Galaxis aus: Diese Zeit beträgt $\tau_{KS} \approx 10^8$ Jahre für Modelle mit Halo und $\tau_{KS} \approx 10^6$ Jahre für Scheibenmodelle.

Obwohl, wie oben erwähnt, die Realität metagalaktischer Modelle zweifelhaft ist und ich mich zum Beispiel schon zwanzig Jahre bemühe, sie zu widerlegen, bedeutet dies nicht, daß die Frage wirklich geklärt ist. Als Beweis könnte wohl schon das Erscheinen des ausführlichen Artikels [100c] dienen, in dem metagalaktische Modelle verteidigt werden. Im wesentlichen reduziert sich alles auf die Bestimmung der Energiedichte der kosmischen Strahlen $w_{KS\,IG}$ im intergalaktischen Raum. In den metagalaktischen Modellen ist in einem gewissen, die Galaxis umgebenden Gebiet (und vielleicht auch in der gesamten Metagalaxis) $w_{KS\,IG} \approx w_{KS} \approx 10^{-12}\,\mathrm{erg} \cdot \mathrm{cm}^{-3}$ (w_{KS} ist die Energiedichte der kosmischen Strahlen in der Galaxis; siehe oben). In galaktischen Modellen der Herkunft des Hauptanteils der kosmischen Strahlen, die auf der Erde beobachtet werden, ist $w_{KS\,IG} \ll 10^{-12}\,\mathrm{erg} \cdot \mathrm{cm}^{-3}$ (wahrscheinlich sogar $w_{KS\,IG} \lesssim 10^{-15}\,\mathrm{erg} \cdot \mathrm{cm}^{-3}$). Aber bedauerlicherweise scheint es bis jetzt nicht möglich, den Wert $w_{KS\,IG}$ zu messen, und man muß sich mit verschiedenen Abschätzungen und indirekten Erwägungen zufrieden geben; damit hängt auch zusammen, daß ein Beweis fehlt und die Diskussion fortgesetzt wird. Es ergab sich aber schon eine Hoffnung, die Frage mit Hilfe direkter Beobachtungen zu lösen; gemeint ist die Anwendung der Gammaastronomie, auf die weiter unten noch eingegangen wird.

Außer der Auswahl zwischen den Modellen hat das Problem der Herkunft der kosmischen Strahlen natürlich auch eine Reihe anderer Seiten. Wir erwähnen Plasmaeffekte in der Astrophysik [104], Beschleunigungsmechanismen der Teilchen bei Explosionen von Supernovae sowie in der Nähe von Pulsaren [100, 104, 105], von der Sonne herrührende kosmische Strahlen und ihre Ausbreitung im Sonnensystem [106], Probleme der chemischen Zusammensetzung kosmischer Strahlen und des energetischen Spektrums ihrer unterschiedlichen Komponenten (einschließlich der Elektronen-Positronen-Komponente). Das Gebiet extrem hoher Energien $E \gtrsim 10^{17}$ eV muß abgetrennt werden. Die Herkunft der kosmischen Strahlen mit einer solchen Energie (es werden Teilchen mit einer Energie, die 10^{20} eV erreicht, beobachtet) erscheint zur Zeit noch als völlig ungeklärt, und hierzu und für das Verhalten von Teilchen mit extrem hohen Energien gibt es die unterschiedlichsten Hypothesen [107].

Die Astrophysik der kosmischen Strahlen nimmt in der Astrophysik einen immer wichtigeren Platz ein.

In letzter Zeit spricht man übrigens häufiger nicht von der Astrophysik der kosmischen Strahlen, sondern von der Astrophysik hoher Energien, zu welcher ebenfalls Fragen der Röntgen- und Gammaastronomie gehören (hier sollte man auch die Astronomie von Neutrinos hoher Energien angliedern).

Die Röntgenastronomie wurde, sofern man nicht die Erforschung der Sonne meint, im Jahr 1962 mit der zufälligen und unerwarteten Entdeckung (bei Messungen auf einer Rakete) der leistungsstarken Röntgenquelle Sco X-1 (Skorpion X-1) [108a] geboren. Danach wurde eine ganze Reihe anderer kosmischer Röntgenquellen (Röntgensterne) entdeckt, wobei sich als besonders erfolgreich die Beobachtungen mit Hilfe des ersten speziell für Zwecke der Röntgenastronomie bestimmten Satelliten erwiesen (der Satellit wurde Ende des Jahres 1970 in Kenia gestartet und erhielt die Bezeichnung „Uhuru", was in der Suaheli-Sprache „Freiheit" bedeutet [94a]). Zur Zeit sind schon mehr als 100 Röntgen-„Sterne" bekannt, unter ihnen der Pulsar im Krebsnebel, die Röntgenpulsare Cen X-3 und Her X-1 und der Kandidat für „Fluktuare" Cyg X-1 (siehe 3.5.), andere galaktische mit Sternen zusammenhängende Quellen, der Krebsnebel selber und andere Hüllen von Supernovae sowie auch verschiedene extragalaktische Quellen (Galaxien und Quasare). Es wurde auch ein diffuser Röntgenhintergrund (das heißt, eine Strahlung, die sich zumindest bei der erreichten Winkelauflösung auf keine diskrete Quelle zurückführen läßt) entdeckt.

Eine ganze Reihe von Mechanismen der Röntgenstrahlung ist bekannt: die Bremsstrahlung eines heißen Plasmas, die Synchrotronstrahlung relativistischer Elektronen, die Streuung von Radiostrahlung, Infrarotstrahlung und optischer Strahlung an relativistischen Elektronen mit Transformation dieser Strahlung in Röntgenstrahlung (ein solcher Prozeß wird häufig inverse COMPTON-Streuung genannt). Alle diese Mechanismen geben zweifellos ihren Beitrag zum beobachtbaren Strom, aber er ist in den verschiedenen Fällen unterschiedlich (beispielsweise hat für den Krebsnebel die Synchrotronstrahlung die Hauptbedeutung, während für eine ganze Reihe anderer Röntgenquellen offenbar die Bremsstrahlung überwiegt). Unbedingt spielt die Akkretion, besonders in Doppelsystemen, eine hervorragende Rolle bei der Bildung einer leistungsstarken Röntgenstrahlung [108b]. Es ist notwendig, die Absorption von Röntgenstrahlen im interstellaren Gas zu berücksichtigen, man kann Linien der charakteristischen Röntgenstrahlung von Atomen suchen und dergleichen mehr. Insgesamt gesehen, ist die Röntgenastronomie nach rund zehn Jahren der Kräftesammlung noch im Anlaufen [94, 108]. Heute ist dies nach der optischen Astronomie und der Radioastronomie schon der dritte wichtige Zweig der Astronomie, wenn man die Klassifikation nach Bereichen oder Forschungsmethoden vornimmt. Während kurzer Zeit hat die Röntgenastrononie, wie sie sahen, erstrangige Entdeckungen gebracht. Es ist schwer zu glauben, daß dies nachläßt.

Im Fall der Gammaastronomie ist die Lage anders. Obwohl die Frage ihrer Möglichkeiten schon im Jahr 1958 erhoben [109a] und seitdem mehrfach diskutiert wurde [109] (siehe ebenfalls [100—103]), gibt es zuverlässige

Daten in diesem Gebiet noch nicht. Der Grund ist ein technischer. Der durch die Photonenzahl meßbare Strom von Gammastrahlen ist äußerst schwach; dabei ist der Energiestrom infolge der relativ großen Energie jedes Photons nicht unbedeutend.[1]) So muß man im Fall von Photonen mit einer Energie $E_\gamma > 100$ MeV Ströme messen, die geringer als 10^{-5} Photon $\cdot$ cm^{-2} s^{-1} sind (und erwünscht wären solche, die nur 10^{-7} Photon $\cdot$ cm^{-2} s^{-1} betragen). Für solche Messungen sind Geräte (Zähler, Funkenkammern usw.) mit großer Fläche erforderlich, die auch fähig sind, genügend lange zu arbeiten („zu fliegen"). Deshalb eignen sich Raketen, die in der ersten Etappe der Entwicklung der Röntgenastronomie eine hervorragende Rolle gespielt haben, für Zwecke der Gammaastronomie nicht. Messungen auf Höhenballons und auf Satelliten wurden in der Tat schon durchgeführt, aber sie sind mit großen Schwierigkeiten gekoppelt, die noch nicht völlig überwunden sind. Deshalb werde ich mich hier nicht bei vorläufigen Resultaten aufhalten, die eine Gammastrahlung von verschiedenen Gebieten der Galaxis, betreffen [103, 109]. Für die Ziele unserer Darlegung ist es wichtiger, zwei Momente zu unterstreichen.

Erstens sind einige gammaastronomische Beobachtungen potentiell außerordentlich wichtig und vielversprechend. So sollte ein bedeutender Teil der Gammastrahlung mit einer Energie $E_\gamma > 50-100$ MeV durch die Protonen-Kern-Komponente der kosmischen Strahlen im interstellaren und intergalaktischen Medium erzeugt werden. Es handelt sich darum, daß die in den kosmischen Strahlen enthaltenen Protonen und Kerne bei Stößen mit Protonen und Kernen im Gas insbesondere π^0-Mesonen erzeugen. Letztere zerfallen momentan (die mittlere Lebensdauer des π^0-Mesons beträgt $0{,}84 \cdot 10^{-16}$ s) in zwei Gammaphotonen mit der Energie

$$E_\gamma = {}^1/_2 m_{\pi^0} c^2 = 67{,}5 \text{ MeV}$$

[1]) Als Gammastrahlen bezeichnet man elektromagnetische Strahlung mit einer Wellenlänge kleiner als 0,1 Å, das heißt für Photonen mit einer Energie $E_\gamma = 100$ keV $= 0{,}1$ MeV.

für jedes Photon (hier sind ruhende π^0-Mesonen gemeint). Gammastrahlen bilden sich ebenfalls beim Zerfall eines Σ^0-Hyperons (Prozeß $\Sigma^0 \to \Lambda + \gamma$) und im Ergebnis des Zerfalls einer Reihe von Mesonen und Hyperonen mit Bildung von π^0-Mesonen ($K^\pm \to \pi^\pm + \pi^0$, $\Lambda \to n + \pi^0$ usw.). Solche Gammastrahlen „nuklearer" Herkunft zeichnen sich durch ihr Spektrum aus (sie besitzen hauptsächlich eine Energie, die größer als 30 bis 50 MeV ist), und deshalb kann man sie im Prinzip von Gammastrahlen unterscheiden, die sich als Folge anderer Prozesse bilden (z. B. bei Bremsstrahlung relativistischer Elektronen). Der Strom „nuklearer" Gammastrahlen ist der Intensität der sie erzeugenden kosmischen Strahlen proportional, und somit ergibt sich die Möglichkeit, diese Intensität fern von der Erde, im Gebiet des galaktischen Zentrums, in Radiogalaxien usw. zu bestimmen. Indessen erhält man bis heute alle Angaben über die Hauptkomponente der kosmischen Strahlen, die Protonen-Kern-Komponente, fern von der Erde entweder auf dem Weg der Extrapolation erdnaher Daten über die kosmischen Strahlen oder unter Einbeziehung zusätzlicher (glaubwürdiger) Hypothesen aus radioastronomischen Messungen.[1]) Die Bedeutung der mehr oder minder unmittelbaren Bestimmung der Intensität (und Energiedichte) der Protonen und Kerne in kosmischen Strahlen fern von der Erde ist schwer zu überschätzen. Insbesondere kann man hoffen, auf diesem Weg endgültig den sich hinziehenden Streit über die galaktische oder metagalaktische Herkunft der kosmischen Strahlen lösen zu können. Konkret sollte in metagalaktischen Modellen die Energiedichte der kosmischen Strahlen in den uns am nächsten liegenden verhältnismäßig kleinen Galaxien, den MAGELLAN-Wolken, genau so groß sein in wie in der Galaxis und dem sie umgebenden Raum, das heißt $w_{\text{KS IG}} \approx 10^{-12}$

[1]) Aus Strahlungsmessungen gelingt es zwar ebenfalls nicht ohne zusätzliche Annahmen, aber dennoch unmittelbarer, Kenntnisse über die relativistischen Elektronen im Radiostrahlungsbereich zu erhalten (ausführlicher s. [100 bis 103]).

erg · cm^{-3} betragen. Daraus folgt, daß die MAGELLAN-Wolken, die eine uns bekannte Gasmenge enthalten, Gammastrahlen aussenden sollten, deren Strom auf der Erde gleich $F_\gamma \approx 3 \cdot 10^{-7}$ Photon · $cm^{-2}\,s^{-1}$ ist (bei einer Energie $E_\gamma > 100$ MeV). Wenn ein geringerer Strom von Gammastrahlen beobachtet wird, würden die metagalaktischen Modelle widerlegt sein. Wenn aber ein Strom beobachtet wird, der gleich dem genannten oder größer ist, dann bleibt die Lage unklar, weil die Gammastrahlung dann durch kosmische Strahlen, die in den MAGELLAN-Wolken selbst erzeugt werden, entstanden sein könnte.

Zweitens haben sich inzwischen adäquate technische Möglichkeiten ergeben. Es ist nämlich schon möglich, Satelliten mit einer Apparatur zu starten, die zuverlässige Messungen bei Strömen bis zu 10^{-7} Photon · $cm^{-2}\,s^{-1}$, auf jeden Fall aber bei Strömen von 10^{-6} Photon · $cm^{-2}\,s^{-1}$ durchführen kann, was weniger ist, als vom galaktischen Zentrum und einer Reihe diskreter Quellen zu erwarten wäre. Entsprechende Messungen wurden schon bis Ende 1976 oder werden noch auf einigen Sputniks durchgeführt. [109d]. Wir wollen hier jedoch nur auf die Entdeckung von Gamaausbrüchen unbekannter Herkunft [118] eingehen.

Vor einigen Jahren starteten die Amerikaner vier Satelliten „Vela", die etwaige Kernexplosionen im Kosmos kontrollieren sollten und die deshalb mit γ-Strahlen-Detektoren ausgerüstet waren. Kernexplosionen wurden dabei nicht entdeckt, aber von Juli 1969 bis Juli 1972 wurden 16 Ausbrüche von Gammastrahlung mit einer Dauer von Bruchteilen einer Sekunde bis zu Dutzenden Sekunden registriert [118a]. Besonders wesentlich dabei ist, daß die Ausbrüche zugleich von mehreren Satelliten „Vela", die sich in großen Abständen voneinander befanden, beobachtet wurden. Deshalb braucht man nicht zu befürchten, daß ein Ausbruch infolge eines Defektes an einem Satelliten registriert wurde. Im weiteren wurden die „Aufzeichnungen" durchgesehen, die auf anderen Satelliten mit geeigneter Apparatur in der gleichen Zeit gemacht wurden [118b, c]. Dabei wurden einige der Ausbrüche entdeckt, die durch die Satelliten „Vela“ registriert wurden (die Registrierung aller Ausbrüche durch alle Satelliten ist kaum zu erwarten, da die Apparaturen nicht immer arbeiten, sich im „Schatten“ der Erde befinden können und ähnliches). Man darf nicht annehmen, daß auf den verschiedenen Satelliten die Gammaausbrüche streng gleichzeitig nachgewiesen wurden. Dies ist nicht so wegen der endlichen Lichtgeschwindigkeit (die auch gleich der Geschwindigkeit der Gammaphotonen ist) und wegen des nicht geringen Abstands zwischen den Satelliten (so fliegen die Satelliten „Vela“ im Abstand von ungefähr 120000 km vom Erdzentrum, infolgedessen kann der Abstand zwischen den Satelliten 240000 km erreichen, was zu einer maximalen Verspätung der Registrierung der Ausbrüche von fast einer Sekunde führt; die Apparatur aber registrierte die Ankunft der Ausbrüche mit einer Genauigkeit bis zu Hundertsteln einer Sekunde). Übrigens gelang es, aus dem zeitlichen Unterschied und unter Berücksichtigung des Ortes der Satelliten festzustellen, daß die Ausbrüche nicht von der Sonne oder von der Erde kommen. Das Material ist noch gering, doch wurden bislang in den Richtungen, aus denen die Ausbrüche kommen, keinerlei „ungewöhnliche“ sichtbare Objekte (z. B. der Ausbruch einer Supernova) entdeckt. Unterdessen sind die diskutierten Ausbrüche von Gammastrahlen (sie wurden im Energieintervall 0,1 bis 1,5 MeV und in einigen Fällen auch im Röntgengebiet beobachtet) äußerst stark, so daß ihnen irgendeine gewaltige kosmische Explosion entsprechen sollte. Tatsächlich betrug für den am besten untersuchten Ausbruch die gesamte während einer Zeit von ungefähr 80 s (so lange war die Dauer τ dieses Ausbruchs) empfangene Energie $\Phi \approx 5 \cdot 10^{-4}$ erg/cm². Wenn sich die Strahlungsquelle in der Galaxis befindet, sagen wir, im Abstand $R \approx 100$ pc $\approx 3 \cdot 10^{20}$ cm, dann beträgt die gesamte Energieabgabe in der Quelle $W \approx 4\pi R^2 \Phi \approx 10^{39}$ erg, und ihre Leistung ist $L \approx W/\tau \approx 10^{37}$ erg/s. Für eine Quelle in anderen nahen Galaxien (z. B. für eine Supernova) ist bei $R \approx 3\,\mathrm{Mpc} \approx 10^{25}$ cm schon $W \approx 10^{48}$ erg und $L \approx 10^{46}$ erg/s. Schließlich ist für die fernsten möglichen Quellen (vom Typ kollabierender galaktischer Kerne) $R \approx 10^{28}$ cm, $W \approx 10^{54}$ erg $\approx M_{\odot}c^2$ und $L \approx 10^{52}$ erg/s. Wir erinnern daran, daß die Gesamtleistung der elektromagnetischen Strahlung (Leuchtkraft) der Sonne $L_{\odot} = 3{,}86 \cdot 10^{33}$erg/s beträgt, und so sind die Quellen der entdeckten Gammaausbrüche sogar in kosmischen Maßstäben sehr gewaltig. Der Abstand solcher Quellen und vor allem ihre Natur bleiben völlig offen. Wenn dies in der Galaxis aufflammende (stark instationäre) Sterne sind, dann sind es offenbar Sterne irgendeines neuen Typs („Gammasterne"). Das Aufflammen von Supernovae in anderen Galaxien oder der Kollaps galaktischer Kerne sind solche anderen schon erwähnten Kandidaten für die Quellen von Gammaausbrüchen. In der letzten Zeit hält man es für äußerst wahrscheinlich, daß die Gammaausbrüche in der Galaxis entstehen, möglicherweise in Doppelsystemen, die Neutronensterne enthalten. Inzwischen begann man seit 1975 zunehmend Daten über die Existenz von Röntgenausbrüchen zu veröffentlichen. Solche Ausbrüche werden bedeutend häufiger als Gammaausbrüche beobachtet, und sie entstehen offenbar in der Galaxis. Es ist möglich, daß die Gammaausbrüche mit einigen Röntgenausbrüchen, die lediglich eine weichere Strahlung vom selben Typ darstellen, eng gekoppelt sind.

Das Auffinden der Gamma- und Röntgenausbrüche ist wahrscheinlich die bedeutendste astronomische Entdeckung während der letzten Jahre und konkret nach dem Auffinden der Pulsare. In solchen Fällen beschränkt sich die Sache gewöhnlich nicht auf die Entdeckung eines neuen Objekts oder Effekts, sondern zieht auch verschiedene Folgerungen nach sich und führt zur Offenbarung neuer Möglichkeiten. Im vorliegenden Fall ist eine der Möglichkeiten die folgende [118d]: Selbst wenn die Quelle der Gammaausbrüche eine millionenfach geringere Energie, aber im Radiobereich, ausstrahlen würde, dann könnten die modernen Radioteleskope die entsprechenden Radioausbrüche empfangen. Dies ist schon an und für sich interessant, denn die Entdeckung solcher Radioausbrüche würde auch die Erforschung der Natur der Quellen von Gammaausbrüchen begünstigen. Aber wenn diese Quellen keine extragalaktischen sind, dann wäre eine andere Möglichkeit noch wichtiger: Aus der Retardierung der Radioausbrüche auf niedrigeren Frequenzen (im Vergleich mit den Ausbrüchen auf höheren Frequenzen) könnte man das Produkt des Abstandes zur Quelle mit der mittleren Konzentration des ionisierten Gases auf dem Weg von der Quelle zur Erde finden. Aber daraus könnte wahrscheinlich auch schon die mittlere Konzentration des intergalaktischen Gases n_{IG} abgeschätzt werden, deren Unkenntnis eine der stärksten Bremsen in der Entwicklung der extragalaktischen Astronomie und Kosmologie ist (zur Zeit ist nur bekannt, daß $n_{IG} \lesssim 10^{-5}$ cm^{-3} beträgt, aber es ist auch der Wert $n_{IG} \approx 10^{-7}$ cm^{-3} nicht ausgeschlossen).

Zum Schluß sei darauf hingewiesen, daß auch das Problem der Beobachtung von Impulsen einer Gravitationsstrahlung und von Neutrinoausbrüchen, die mit Gammaausbrüchen korreliert sind, aufgeworfen werden kann.

Wenn bei den Lesern aus den gesamten Darlegungen nicht der Eindruck entstanden ist, daß die Entwicklung der Astrophysik hoher Energien besonders interessant ist, dann muß der Autor seine Unfähigkeit eingestehen, die Eigenart und Bedeutsamkeit dieses neuen Gebietes der Astronomie darstellen zu können.

3.7. *Neutrinoastronomie*

Die Hypothese der Existenz des Neutrino wurde von Pauli im Jahr 1931 ausgesprochen. Erst nach einem Vierteljahrhundert, das ist in unserer stürmischen Zeit ein nicht geringer Zeitraum, gelang es, das Neutrino in der Nähe von Kernreaktoren zu registrieren. Natürlich entstand dabei folgende Frage: Kann man nicht auch Neutrinos außerirdischer Herkunft feststellen?

Da die Quellen der Sternenergie Kernreaktionen sind, ist es offensichtlich, daß Neutrinos von allen Sternen ausgesandt werden sollten. In erster Linie handelt es sich natürlich um die Sonne (der Abstand von der Erde zur Sonne beträgt $1{,}5 \cdot 10^{13}$ cm, während er bis zum nächsten Stern von der Größenordnung $4 \cdot 10^{18}$ cm ist; daraus wird deutlich: bei gleichen übrigen Bedingungen müßte der Strom von Sonnenneutrinos um das 10^{11}fache größer sein als der Neutrinostrom von den nächsten Sternen). Die Versuche, Sonnenneutrinos durch Ausnutzung der Kernreaktion $^{37}\mathrm{Cl} + \nu_e \rightarrow {}^{37}\mathrm{Ar} + e^-$ (ν_e bedeutet Elektronenneutrino und e^- Elektron) nachzuweisen, werden schon seit einigen Jahren unternommen [101, 110, 111], führten aber bisher nicht zu positiven Resultaten. Mehr noch, die obere Grenze des Neutrinostromes erniedrigt sich nach den Meßdaten ständig und beträgt nur noch annähernd $10^{-36}\,\mathrm{s}^{-1}$ (Atom $^{37}\mathrm{Cl})^{-1}$. Ein solcher Strom, bei dem im Mittel ein Neutrino in der Sekunde von 10^{36} Kernen $^{37}\mathrm{Cl}$ eingefangen wird, erhielt sogar die Bezeichnung Sonnenneutrinoeinheit (1 SNU). Früher wurde ein bedeutend (10fach) größerer Neutrinostrom für die Sonne vorausgesagt, aber allmählich wurden verschiedene mögliche Gründe gefunden, die seine geringere Größe erklären. Trotzdem würde eine ernsthafte Situation entstehen, wenn sich der Strom von Sonnenneutrinos als noch kleiner erweisen sollte, das heißt, wenn er offenkundig kleiner als 1 SNU und insbesondere kleiner als 0,5 SNU wäre. Man müßte dann annehmen, daß die Sonne instationär ist (insbesondere, daß ihre Temperatur im Zentralgebiet schwankt und gegenwärtig niedriger ist als in den Modellen der stationären Sonne) oder aber, daß Neutrinos instabil sind (das heißt, merklich während jener 8 Minuten zerfallen, in deren Verlauf sie sich von der Sonne zur Erde bewegen). Es sind auch noch radikalere Hypothesen ausgesprochen worden [111]. Dies wäre wohl der interessanteste Fall, aber es ist durchaus möglich, daß es in nicht ferner Zukunft gelingt, Sonnenneutrinos mit der erwähnten Reaktion von ^{37}Cl-Kernen oder unter Ausnutzung anderer Detektoren (beispielsweise mit Ausnutzung von ^{71}Ga und ^{7}Li) mit anderen Reaktionsschwellen zu registrieren.

Die Geburt der Neutrinoastronomie ist ein großes Ereignis, da der Empfang von Neutrinos die einzige bekannte Methode ist, um in die Zentralgebiete von Sternen hineinzuschauen. Jedoch fällt es ziemlich schwer, auf die Möglichkeit des Neutrinoempfangs von „gewöhnlichen“ Sternen (außer der Sonne) in überschaubarer Zeit zu hoffen. Etwas anderes wären Ausbrüche von Supernovae und die Bildung von Neutronensternen,[1]) denn dabei könnten gewaltige Neutrinoströme entstehen [101, 110, 111]. Dasselbe kann man über die bislang noch ein wenig hypothetischen Ereignisse, die Kollapse extrem massiver Sterne (darunter auch galaktischer Kerne), sagen. Schließlich wäre es außerordentlich wichtig, Neutrinos zu registrieren, die sich in frühen Evolutionsstadien des Weltalls gebildet haben [80b, 101, 111]. Bedauerlicherweise sind hier die Perspektiven nicht allzu rosig (die Empfindlichkeit der bekannten Detektoren muß um einige Größenordnungen erhöht werden). Jedoch ist gerade in Hinsicht auf die Vervollkommnung der Meßmethoden, wie die Geschichte der Physik und Astronomie lehrt, Pessimismus nicht gerechtfertigt. Darüber hinaus können sich die Abschätzungen des Stromes „kosmologischer“ Neutrinos als zu niedrig erweisen. An alle diese Richtungen der Neutrinoastronomie schließen sich die schon im Abschnitt 2.4. erwähnten Untersuchungen von Neutrinos bei hohen Energien an (s. [56, 110]).

Die Neutrinoastronomie „klopft somit an die Tür“, sie stellt eines der interessantesten neuen wissenschaftlichen Forschungsgebiete dar, das wertvolle Resultate und vielleicht auch Entdeckungen zu bringen verspricht.

---

[1]) Es ist möglich, daß dies ein und dasselbe ist, aber im Prinzip kann das Aufflammen einer Supernova ebenso zur Bildung eines weißen Zwergs, eines kollabierten Objekts oder zum vollständigen Verschwinden eines Sterns führen.

3.8. Über die gegenwärtige Entwicklungsetappe der Astronomie

Allein während der letzten fünfzehn Jahre wurden in der Astronomie fünf Entdeckungen von erstrangiger Bedeutung gemacht (Quasare, thermische Reliktstrahlung (Hintergrundstrahlung), Röntgen-„Sterne", kosmische Maser auf den Molekühllinien von OH, H_2O und anderen Molekülen, Pulsare), nicht zu reden von den vielen Errungenschaften von etwas geringerer Bedeutung. In der Physik kann man während derselben Periode leider nur auf zwei Ereignisse von vergleichbarer Wichtigkeit verweisen, die Entdeckung des Unterschieds zwischen Elektronen- und Myonenneutrino und das Auffinden der Verletzung der CP-Invarianz (ein wenig früher wurden allerdings auch die Teilchenresonanzen entdeckt). Wenn man zur Astronomie auch einen Teil der Errungenschaften im Gebiet der Kosmosforschungen hinzurechnet (Erforschung des Mondes und der Planeten), dann wird der große Erfolg der Astronomie in unseren Tagen noch beeindruckender.

Verschiedene wissenschaftliche Richtungen entwickeln sich qualitativ ungleichmäßig. Konkret kann man feststellen, daß die Astronomie nach dem zweiten Weltkrieg in eine Periode besonders glänzender Entwicklung eingetreten ist, in die Periode der „zweiten astronomischen Revolution" (die erste solche Revolution ist mit dem Namen Galilei verbunden, der begonnen hatte, Teleskope zu benutzen). Der Autor (wie auch viele andere) hatte schon mehrfach Gelegenheit, darüber zu schreiben [79], aber es scheint notwendig zu sein, den astrophysikalischen Teil dieses Büchleins ebenfalls mit einigen Bemerkungen hierzu zu beenden.

Erstens sind die Erfolge der Astronomie unzweifelhaft durch die Entwicklung der Physik und Kosmostechnik bedingt, die es erlaubten, phantastisch empfindliche Apparaturen zu schaffen und in einer Reihe von Fällen sie auch außerhalb der Atmosphäre zu benutzen.[1]) Zweitens kann man eine zweite astronomische Revolution in der Umwandlung aus einer optischen Astronomie in eine Allwellenastronomie feststellen. Drittens führten die letzten astronomischen Entdeckungen, so bemerkenswert sie auch sein mögen, noch nicht über die Grenzen der bekannten physikalischen Vorstellungen und Gesetze hinaus und zwangen nicht, etwas im Fundament der Physik zu überarbeiten.

Die zweite und dritte Behauptung werden nicht von allen geteilt. So stößt man auch auf die Meinung, daß die Grundzüge der modernen Entwicklungsetappe der Astronomie neue Vorstellungen und Umwälzungen in den Ansichten sind. Indessen kann man bei aller Anerkennung der aufgezählten Entdeckungen in der Astronomie sie nicht für tiefer oder bedeutender halten als die Entdeckung der Ausdehnung des Weltalls und die Aufklärung seiner charakteristischen Maßstäbe (Zeit $T \approx 10^{10}$ Jahre, Abstand $R \approx cT \approx 10^{28}$ cm). Dies wurde

---

[1]) Als Beispiel führe ich eine Episode an, die mich vor einigen Jahren beeindruckt hat, obwohl ich mich damals schon viele Jahre mit Radioastronomie befaßt hatte. Auf einer kleinen Ausstellung, die in einem radioastronomischen Observatorium nahe Cambridge (England) veranstaltet worden war, wurden die Besucher zu einem Stand eingeladen, wo kleine weiße Blättchen Papier lagen. Nahm der Besucher ein Blättchen und drehte es um, so sah er folgende Aufschrift: „Indem Sie dieses Blättchen Papier vom Tisch nahmen, haben Sie mehr Energie verbraucht als jene Energie, welche während der gesamten Geschichte der Radioastronomie von allen auf der Erde existierenden Radioteleskopen empfangen wurde.“

Es ist üblich, den Strom (oder genauer, die spektrale Stromdichte) der Radiostrahlung in Einheiten 10^{-23} erg $\cdot$ cm^{-2} $\cdot$ s^{-1} $\cdot$ Hz^{-1} = 10^{-26} W $\cdot$ m^{-2} $\cdot$ Hz^{-1} zu messen. Bei einer solchen Stromdichte trifft bei einer Bandbreite $\Delta \nu = 10^{10}$ Hz auf eine Fläche von 1 km^2 = 10^{10} cm^2 während eines Jahres = $3 \cdot 10^7$ s eine Energie $3 \cdot 10^4$ erg = $3 \cdot 10^{-3}$ J auf. Schon Quellen, deren Strom in dieser Einheit gleich Eins ist (oder sogar 2–3 Größenordnungen schwächer), werden mit existierenden Apparaturen gefunden. Jedoch wird gewöhnlich mit Quellen gearbeitet, die gleich um das 10 fache leistungsstärker sind, wobei ihre Gesamtzahl kaum einige Hundert mißt. So kann man sich von der Richtigkeit des gebrachten Beispiels überzeugen und erkennt besser die erstaunliche Empfindlichkeit einer Radioapparatur.

in der Hauptsache in den zwanziger Jahren unseres Jahrhunderts getan. Somit kann man den Inhalt der zweiten astronomischen Revolution, wenn man einen solchen Terminus überhaupt benutzt, nur in der Umwandlung der Astronomie aus einer optischen Astronomie in eine Allwellenastronomie erblicken. Zur Frage, ob die Astronomie während der letzten Periode eine „neue Physik" hervorgebracht hat, ist auf Abschnitt 3.4. zu verweisen, wo erwähnt ist, daß es hierzu verschiedene Meinungen gibt, und es wurde auch bis zu einem bestimmten Grad eine negative Antwort auf diese Frage motiviert.

Was wird weiter, wie ist die Tendenz der Entwicklung der Astronomie? Es ist riskant zu versuchen, eine Antwort auf solche Fragen zu geben. Aber es ist besser, sich zu irren, als aus Vorsicht zu schweigen. Deshalb erlaube ich mir, eine gewisse Prognose zu stellen, die übrigens keineswegs Anspruch auf Originalität erhebt.

Man kann annehmen, daß im laufenden Jahrzehnt (oder maximal bis zum Jahr 1985) die zweite astronomische Revolution abgeschlossen wird, das heißt, die Astronomie eine Allwellenastronomie wird, und daß jene Entdeckungen gemacht werden, die in gewissem Sinn „an der Oberfläche liegen". Danach dürfte eine ruhigere Periode eintreten (gemeint ist die Erforschung ferner Objekte. Die Erforschung der Planeten und das fesselnde Problem außerirdischer Zivilisationen [112] berühren wir hier nicht). Mit anderen Worten, es geht die „heroische" Periode der Astrophysik vorüber, und es finden Veränderungen statt (und sei es nur auf Zeit), die in gewisser Weise den zur Zeit in der Mikrophysik zu beobachtenden (s. 2.7.) ähnlich sind. Man darf übrigens nicht vergessen, daß die Astronomie reiche Reserven besitzt, die mit dem stärkeren Aufkommen der Neutrinoastronomie und der Astronomie der Gravitationswellen zusammenhängen.

Schließlich die Hauptfrage (zumindest vom Gesichtspunkt der Physiker): Führt die Astronomie zu solch einer Änderung fundamentaler physikalischer Vorstellungen, wie sie von einer Reihe ihrer Vertreter gewünscht wird?

Beispiele solcher Änderungen wären die Notwendigkeit der Einführung eines skalaren Feldes in die relativistische Gravitationstheorie, der Verzicht auf die Gesetze der Erhaltung der Baryonen- und Leptonenladung, die Entdeckung der Änderung[1]) physikalischer Konstanten mit der Zeit [113] oder Abweichungen von bekannten physikalischen Gesetzen bei großen Dichten innerhalb oder in der Nähe gewaltiger Massen (Kerne von Galaxien, Quasare, Neutronensterne) und ähnliches.

Die Suche nach neuen fundamentalen Ideen und Vorstellungen in der Astronomie (einschließlich Kosmologie) verdient angespannteste Aufmerksamkeit; aber dem Wesen der Sache selbst nach kann man hier nichts voraussehen. Somit bleibt die oben gestellte „Hauptfrage" im wesentlichen ohne Antwort. Ich kann lediglich bemerken, daß ich nicht im geringsten erstaunt wäre und geradezu an eine solche Möglichkeit glaube, daß die „neue Physik" in der Astronomie erst in der Nähe der klassischen Singularitäten benötigt würde (und damit sozusagen auf astronomischem Boden entstünde). Sie würde sich dann nur in der Kosmologie und für das Verständnis der Schlußphase des Gravitationskollaps als wesentlich erweisen.

Es kann sich durchaus zeigen, daß dies nicht so ist, daß die astronomischen Entdeckungen das Fundament der Physik selbst in anderer Beziehung und an anderen

---

[1]) Besonders interessant ist in dieser Hinsicht die Frage einer möglichen Zeitabhängigkeit der Gravitationskonstanten G [119a, 119b]. Das Weltall ist nicht stationär (es dehnt sich aus), und gleichzeitig wird seine Dynamik durch die Gravitationswechselwirkung bestimmt. Deshalb ist die Annahme der Abhängigkeit dieser Wechselwirkung von der Zeit zwar keineswegs zwingend (sowohl vom logischen Gesichtspunkt als auch auf der Grundlage der vorhandenen Daten von Experimenten und Beobachtungen), erscheint aber zumindest nicht als völlig unmöglich. Wie dem auch sei, das entscheidende Wort gehört hier den Messungen, wobei die Allgemeine Relativitätstheorie zur Grundlage kosmologischer Untersuchungen nur gemacht werden kann, wenn $(1/G)\,|dG/dt| < 10^{-11}$ Jahr^{-1} ist. Die Größe dG/dt bestimmen (oder die obere Grenze für diese Größe finden) kann man mit Bahnbeobachtungen natürlicher und künstlicher Planeten und ihrer Trabanten sowie mit Hilfe hochempfindlicher Gravimeter [119c].

„Stellen“ bereichern. Hier wird lediglich die These verteidigt, daß eine solche Antwort überhaupt nicht bindend ist und Verweise auf allgemeine Erwägungen, auf die Geschichte und auf zur Zeit bekannte Fakten in dieser Hinsicht nicht ausreichen.

4. Schlußbemerkungen

Es sind viele Themen und viele Probleme berührt worden. Hier irgendein Fazit zu ziehen, ist kaum möglich und wohl auch nicht nötig. Wie dem auch sei, wir werden nicht versuchen, dies zu tun, und werden uns nur noch auf einige Bemerkungen allgemeinen Charakters beschränken, die für die sogenannten unversierten Leser gedacht sind.

Die Geschichte der Wissenschaft kennt durchaus auch falsche Prognosen. Zur Illustration führen wir folgendes Beispiel an. Am 11. September 1933 trat auf dem Kongreß der Britischen Assoziation zur Förderung der Entwicklung der Wissenschaft RUTHERFORD auf, der bekanntlich die Atomkerne und ihre Spaltung entdeckt hat. RUTHERFORD erklärte in seiner Rede (dies wurde in den Zeitungen breit dargestellt), daß „jeder, der die Erzeugung von Energie im Ergebnis der Umwandlung von Atomen erwartet, Unsinn spricht“. Mit anderen Worten, RUTHERFORD verneinte die Realität der Ausnutzung der Atomenergie (Kernenergie). Darin stand er nicht allein und hatte völlig Recht in dem Sinn, daß im Jahr 1933 tatsächlich keinerlei Weg zur Ausnutzung der Kernenergie sichtbar war. Jedoch nach nur fünf Jahren hatte sich die Situation vollkommen verändert; es wurde die Uranspaltung entdeckt, und neun Jahre danach, im Jahr 1942, arbeitete der erste Atommeiler.

Dieses Beispiel und andere ähnliche können ein Mißtrauen gegenüber jeglicher Planung und Prognostizierung in der Wissenschaft wecken. Insbesondere wird selbst die Möglichkeit, über irgendwelche „besonders wichtige“, aber noch völlig ungelöste Probleme zu sprechen, zweifelhaft. In dieser Hinsicht ist es angebracht, wie mir scheint, folgendes zu unterstreichen. In der Wissenschaft erscheint die Planung und Prognostizierung im Sinn der Angabe irgendwelcher Fristen tatsächlich in vielen Fällen (und sogar in der Regel) als unmöglich, wenn es sich um fundamentale Untersuchungen handelt. Wann wird beispielsweise die Supraleitfähigkeit bei hohen Temperaturen entdeckt? In Übereinstimmung mit dem im Abschnitt 1.2. Gesagten wäre meine Antwort auf die gestellte Frage so: Es kann sein, daß die Supraleitfähigkeit bei hohen Temperaturen schon in irgendeinem Laboratorium entdeckt ist (aber wir wissen davon noch nichts), es kann sein, daß sie morgen entdeckt wird, und es kann sein, daß eine derartige Erscheinung überhaupt nicht existieren kann und folglich niemals entdeckt wird. Mit anderen Worten, der Zeitpunkt einer wissenschaftlichen Entdeckung oder Lösung eines wissenschaftlichen Problems ist ein „instabiler" Begriff und sollte besser überhaupt nicht benutzt werden.

Eine ganz andere Sache ist ein Problem selber. Nach der Entdeckung des Massendefekts in Atomkernen wurde erkannt, daß diese Kerne Vorratskammern für Energie sind. So entstand in den zwanziger Jahren das Problem der Atomenergie (Kernenergie). Natürlich wäre es nötig gewesen, ein solches Problem in jedem beliebigen vernünftigen Verzeichnis der „wichtigsten physikalischen Probleme" bis zum Anfang der vierziger Jahre, da es gelöst wurde, nachdem es ungefähr zwanzig Jahre existiert hatte, zu erwähnen. Im allgemeinen erweist sich eine wissenschaftliche Problematik als solche als genügend stabiler Begriff.

Somit gibt es keine Gründe, gegen die Planung und Prognostizierung auch im Gebiet fundamentaler wissenschaftlicher Forschungen zu opponieren, wenn man darunter nur die Enthüllung der auf der Tagesordnung stehenden Probleme, die vorläufige Einschätzung ihrer potentiellen Bedeutsamkeit und ähnliches versteht, aber nicht die Aufstellung von „Erfüllungsfristen" (wir meinen hier natürlich nicht Startfristen irgendwelcher Geräte usw.).

Sogar unter Berücksichtigung des Gesagten ist jede beliebige Liste der „besonders wichtigen und interessanten Probleme" bedingt und nicht absolut. Es ist selbstverständlich, daß unterschiedliche „wichtige" Probleme nicht gleichwertig und schwer gegenüberstellbar sind und daß sich ihre Liste mit der Zeit verändern muß. Wenn beispielsweise wenigstens ein Supraleiter bei Zimmertemperatur gewonnen würde und wenn verstanden würde, auf Grund welcher Faktoren dies erreicht wurde, dann könnte man das Problem der Supraleitfähigkeit bei hohen Temperaturen baldigst aus unserer Liste ausschließen. Ebenso müßte man verfahren, wenn man eine negative Antwort auf die gestellte Frage bekäme, etwa wenn es sich herausstellen würde, daß man Supraleiter bei hohen Temperaturen nicht schaffen kann oder daß langlebige extrem schwere Kerne nicht existieren.

Ferner muß, um Mißverständnissen vorzubeugen, unterstrichen werden, daß es auch notwendig ist, sich mit Fragen zu beschäftigen, die nicht in unsere Liste aufgenommen worden sind. Fehlen schon feste Abgrenzungen zwischen der Menge verschiedener physikalischer und technischer Fragen, Untersuchungen und Ausarbeitungen, so ist es zweckmäßig, daran zu erinnern, wie ein neues „besonders wichtiges" Problem geboren wird. In der Mehrheit der Fälle sind seine „Eltern", wie auch die Quellen der Entdeckungen, „normale" Probleme, ähnlich wie auch Genies von gewöhnlichen Eltern geboren werden. Kaum jemand würde in den dreißiger Jahren die Erforschung der Lumineszenz von Flüssigkeiten unter dem Einfluß von Gammastrahlen als besonders wichtig genannt haben. Aber gerade auf diesem Weg wurde der Wawilow-Tscherenkow-Effekt entdeckt. Dasselbe kann man über den Mössbauer-Effekt, über eine Reihe der letzten astronomischen Entdeckungen (z. B. über die Auffindung der Pulsare) usw. sagen.

Mit anderen Worten, viele bedeutende Entdeckungen und wissenschaftliche Errungenschaften erweisen sich als unvorhergesehen und unerwartet.

Wenn auch eine bestimmte Konzentration auf besonders wichtige aktuelle Probleme natürlich und vernünftig ist, so sollten deshalb andere Richtungen nicht vergessen werden, was sonst zur anharmonischen Entwicklung der Physik und Astronomie als Ganzes führen würde.[1])

Zu guter Letzt über den „menschlichen Faktor“. Die Naturwissenschaften haben als Ziel die Erforschung der Natur, der vielen Objekte und Prozesse und der sie lenkenden Gesetze. In dieser Hinsicht hängt die Physik, philosophisch ausgedrückt, nicht vom erkennenden Subjekt ab. Aber mit der Wissenschaft beschäftigen sich eben diese Subjekte, die Menschen, wobei es ihrer allein in der UdSSR zur Zeit mehr als eine Million sind. Einige wissenschaftliche Untersuchungen erfordern besonders große Mittel. So ist die Entwicklung der Wissenschaft mit Politik, Ökonomie, Technik, Soziologie und Psychologie verbunden und verflochten. Solche Verbindungen sind häufig kompliziert, lassen sich nur schwer analysieren und sind ungenügend klar. Deshalb wird ihnen, zumindest in der wissenschaftlichen Literatur, relativ wenig Aufmerksamkeit gewidmet.

Das in bestimmten Grenzen gerechtfertigte und natürliche Bestreben, die eigentliche Wissenschaft und ihren Inhalt von allen Überbauten und allem Dickicht zu befreien und abzutrennen, beeinflußte stark die Formierung des wissenschaftlichen Stils, das heißt, wie Bücher und Artikel geschrieben werden. Das längst nicht wichtigste, aber ein charakteristisches Beispiel ist die Verbannung des persönlichen Fürwortes „ich“ aus der

[1]) Eine solche Entwicklung zu gewährleisten, ist natürlich eine recht schwierige Sache. Mit der Analyse dieses Problems in bezug auf die USA befaßten sich spezielle Kommissionen (physikalische und astronomische), die in der Amerikanischen Nationalen Akademie der Wissenschaften gebildet wurden [114, 115] (über Wege der Entwicklung der Physik in den USA siehe auch den Artikel [116]).

wissenschaftlichen Literatur. Beispielsweise kann der Autor des vorliegenden Büchleins in einem wissenschaftlichen Artikel einfach nicht „ich“ schreiben, und weiter oben hat er sich manchmal buchstäblich gezwungen, dies zu tun, weil ständig „wir“ zu schreiben, „wie uns scheint“ und „unserer Meinung nach“ auch irgendwie seltsam und vielleicht lustig ist, wenn es sich um den Versuch einer populären Darstellung handelt.

Aber dadurch, daß man sich bemüht, alles Persönliche, „Menschliche“, nicht zur Sache Gehörende zu verbergen, damit es nicht hindert, sich auf die Wissenschaft selbst zu konzentrieren, wird die Bedeutung des „Menschlichen“ im Prozeß der wissenschaftlichen Tätigkeit keinesfalls vermindert. Wenn ein mit einem Tonbandgerät ausgerüstetes unsichtbares Wesen in einem wissenschaftlichen oder studentischen Kreis weilen würde, dann würden Gespräche über die Wissenschaft wahrscheinlich nicht mehr als die Hälfte des Tonbandes ausmachen.

Welche Spezialität oder Spezialisierung wählt man, womit beschäftigt man sich, welches Gebiet oder welche wissenschaftliche Richtung sind perspektivreich, was ist heute besonders wichtig, interessant, attraktiv (und darüber hinaus auch noch vorteilhaft, bequem und dergleichen mehr)? Diese Fragen werden breit diskutiert, und es darf auch nicht sein, daß sie nicht diskutiert werden.

Der einzige Stimulus, dieses Büchlein zu schreiben, war der Gedanke: Wieviel Interessantes gibt es doch in verschiedenen Gebieten der Physik und Astrophysik, und viele junge Physiker oder zukünftige Physiker wissen darüber nichts, und es ist ihnen nicht leicht, dies zu erfahren. Es entstand die Frage, ob man nicht irgendetwas tun kann, indem man, wenn auch nur kurz, einige aktuelle fundamentale Probleme der Physik und Astrophysik aufzählt und kommentiert. Aber danach begann sich alles zu komplizieren, weil es sich als unklar erwies, was und wie auszuwählen und zu erwähnen ist, für wen es zu berechnen ist und schließlich, wer dies alles benötigt? Dies sind schwierige Fragen, über die wir schon im Vorwort und in der Einleitung gesprochen haben und auf welche ich, dieses nun schon mehrfach überarbeitete Büchlein beendend, immer noch keine klare und deutliche Antwort geben kann. Hieraus erklären sich die zahlreichen Vorbehalte und die Furcht, daß man falsche Schlußfolgerungen ziehen könnte. Hierunter wäre wohl die unbegründetste der Verdacht, daß der Autor irgendwen zu belehren und ihm seine Meinung darüber aufzudrängen versucht, was „wichtig und interessant" und was nicht wichtig und nicht interessant ist. Es steht im Gegenteil unzweifelhaft fest, daß in einer solchen delikaten Frage das Auseinandergehen der Meinungen unvermeidbar ist und daß verschiedene Anschauungen und Urteile entstehen müssen. Deshalb kann man nur im Ergebnis der kollektiven Diskussion der Argumente und Gegenargumente, der unklaren und umstrittenen Fragen und der Versuche, im Streit die Wahrheit herauszufinden oder sich ihr wenigstens zu nähern, zu einer mehr oder minder allgemeinen Position gelangen und damit der Entwicklung der Wissenschaft nützen. In der Tat ist es notwendig, hinzuzufügen, daß es verschiedene Streite gibt und hier nicht Streite mit denen gemeint sind (und solche Leute gibt es bedauerlicherweise gar nicht wenige), für die jeglicher Opponent und wissenschaftlicher Gegner ein Feind ist. Es versteht sich, daß ich zur Diskussion und zum Streit über die Entwicklungswege der Wissenschaft, über Wichtiges und Interessantes in der Wissenschaft, die nicht mit Zähneknirschen, sondern in einer Atmosphäre der Toleranz und des Wohlwollens stattfinden, ermutige. Konkret möchte ich mit einem Aufruf an die Kollegen, die Physiker und Astrophysiker, schließen: „Geht nicht vorüber" und sprecht häufiger eure Anschauungen zu allgemeinen Fragen der Entwicklung der Wissenschaft aus. Abgesehen von allem übrigen können nur dann breite Leserkreise verschiedene Meinungen kennenlernen und wirklich begründete Schlußfolgerungen für sich ziehen.

Literaturverzeichnis[1])

[1] Природа материи. Цели физики высоких энергий, УФН **86**, 591 (1965); siehe auch Д. И. Блохинцев, А. В. Ефремов, Р. М. Мурадян (D. I. Blochinzew, A. W. Jefremow, R. M. Muradjan), УФН **109**, 259 (1973); М. А. Марков (M. A. Markow), УФН **111**, 719 (1973).

[2] F. Dyson, Physics Today **25**, Nr. 9, 23 (1970); (УФН-**103**, 529 (1971).

[3] P. Anderson, New Scientist a. Sci. J. **51**, 510 (1971).

[4] Л. А. Арцимович (L. A. Arzimowitsch), Природа № 9, 2 (1972).

[5] J. C. Phillips, Comm. Solid. State Phys., **4**, 91 (1972).

[6a] D. Rose, Science **172**, 797 (1971) УФН **107**, 99 (1972); siehe auch R. F. Post, Phys. Today **26**, Nr. 4, 30 (1973).

[6b] М. С. Рабинович (M. S. Rabinowitsch), im Sammelband «Школьнику о современной физике«, «Просвещение«, 1974.

[7] L. A. Arzimowitsch, Nature **239**, 18 (1972); siehe auch Природа Nº 10, 4 (1976).

[8] Б. Б. Кадомцев (B. B. Kadomzew), УФН **91**, 381 (1967); **97**, 263 (1969).

[9] Н. Г. Басов, О. Н. Крохин (N. G. Bassow, O. N. Krochin), im Sammelband «Будущее науки«, Bd. 5, «Знание«, 1972, S. 107.

[10] J. Nuckolls, L. Wood, A. Thiessen, G. Zimmerman,

[1]) Im Text wurde eine solch große Menge von Fragen berührt, daß der Versuch, das Büchlein mit einer ausführlichen Bibliographie auszurüsten, unrealistisch wäre. Deshalb sind im Literaturverzeichnis in erster Linie Übersichten angeführt (vorzugsweise solche, die in der Zeitschrift „Успехи физических наук" veröffentlicht wurden). Außerdem wurden einzelne Originalartikel und -notizen zitiert, die sich während der Arbeit am Manuskript im Gesichtsfeld des Autors befanden. Deshalb und nicht wegen irgendwelcher Prätensionen ist denn auch im Literaturverzeichnis eine relativ große Anzahl von Artikeln des Autors enthalten.

Nature **239**, 139 (1972); siehe auch Science **177**, 1180 (1972) und Р. З. Сагдеев (R. S. SAGDEEW), УФН **110**, 473 (1973).

[11] Е. К. Завойский (E. K. SAWOISKI), УФН **108**, 752 (1972); siehe auch Л. С. Богданкевич, А. А. Рухадзе (L. S. BOGDANKEWITSCH, A. A. RUCHADSE), Природа № 2, 46 (1973); Physics Today **26**, Nr. 4, 17 (1973).

[12] В. Л. Гинзбург (W. L. GINSBURG), УФН **95**, 91 (1968); **101**, 185 (1970); Ann. Rev. Materials Sci. **2**, 663 (1972) (populäre Darstellung: Природа № 7, 11 (1969)); siehe auch УФН **118**, 315 (1976).

[13] D. ALLENDER, J. BRAY, J. BARDEEN, Phys. Rev. B7, 1020 (1973).

[14] J. C. PHILLIPS, Phys. Rev. Lett. **29**, 1551 (1972).

[15] А. В. Степанов (A. W. STEPANOW), ФТТ **1**, 671 (1959).

[16] T. SCHNEIDER, Helvetica Phys. Acta **42**, 957 (1969).

[17] Е. Г. Бровман, Ю. М. Каган, А. Холас, (E. G. BROWMAN, Ju. M. KAGAN, A. CHOLAS), ЖЭТФ **61**, 2429 (1971); **62**, 1492 (1972); siehe auch Письма ЖЭТФ **18**, 269 (1973).

[18] В. Л. Гинзбург (W. L. GINSBURG), УФН **97**, 601 (1969).

[19] E. E. SALPETER, Phys. Rev. Lett. **28**, 560 (1972); G. F. CHAPLINE, Phys. Rev. B6, 2067 (1972).

[20] Л. В. Келдыш (L. W. KELDYSCH), УФН **100**, 514 (1970); siehe auch Science **183**, 837 (1974).

[21] В. Л. Гинзбург (W. L. GINSBURG), УФН **108**, 749 (1972); **113**, № 1 (1974); В. Л. Гинзбург, В. В. Келле (W. L. GINSBURG, W. W. KELLE), Письма ЖЭТФ **17**, 428 (1973).

[22] Л. Д. Ландау, Е. М. Лифшиц (L. D. LANDAU, E. M. LIFSCHITZ), Статистическая физика, «Наука», 1964, гл. XIV. Dt. Übersetzung: Lehrbuch der Theoretischen Physik V, Statistische Physik, 4. Aufl., Akademie-Verlag, Berlin 1975.

[23a] L. REATTO, J. Low Temp. Phys. **2**, 353 (1970).

[23b] В. Л. Березинский (W. L. BERESINSKI), ЖЭТФ, **59**, 907 (1970); **61**, 1144 (1971).

[23c] R. B. GRIFFITHS, Phys. Rev. Lett. **23**, 17 (1969).

[23d] B. M. McCOY, Phys. Rev. Lett. **23**, 383 (1969).

[23e] J. M. KOSTERLITZ, D. J. THOULESS, J. Phys. C. Solid State Phys. **6**, 1181 (1973).

[24a] L. P. KADANOFF a. o., Rev. Mod. Phys. **39**, 395 (1967).

[24b] P. HELLER, Rep. Progr. Phys. **30**, 731 (1967).

[24c] H. E. Stanley, Introduction to Phase Transitions and critical Phenomena, Clarendon Press Oxford 1971.

[25a] В. Л. Гинзбург (W. L. GINSBURG), ФТТ 2, 2031 (1960).
[25b] А. П. Леванюк, А. А. Собянин (A. P. LEWANJUK, A. A. SOBJANIN), Письма ЖЭТФ **11**, 540 (1970).
[25c] В. Г. Вакс, А. И. Ларкин, С. А. Пикин (W. G. WAKS, A. I. LARKIN, S. A. PIKIN), ЖЭТФ, **51**, 361 (1966); **56**, 2087 (1969).
[25d] B. BAUSCH, Z. Phys. **254**, 81 (1972); **258**, 423 (1973).
[26a] В. Л. Покровский (W. L. POKROWSKI), УФН **94**, 127 (1968).
[26b] M. FISHER, Rep. Progr. Phys. **30**, 615 (1967).
[26c] K. G. WILSON, Phys. Rev. Lett. **28**, 548 (1972).
[27a] В. Л. Гинзбург, Л. П. Питаевский (W. L. GINSBURG, L. P. PITAJEWSKI), ЖЭТФ **34**, 1240 (1958).
[27b] Ю. Г. Мамаладзе (Ju. G. MAMALADSE), ЖЭТФ **52**, 729 (1967).
[27c] А. А. Собянин (A. A. SOBJANIN), ЖЭТФ **61**, 433 (1971); **63**, 1780 (1972).
[27d] Э. Л. Андроникашвили (E. L. ANDRONIKASCHWILI), Природа № 1, 9 (1973).
[27e] В. Л. Гинзбург, А. А. Собянин (W. L. GINSBURG, A. A. SOBJANIN), Письма ЖЭТФ **17**, 698 (1973); УФН **120**, **153** (1976).
[28] И. А. Яковлев, Т. С. Величкина (I. A. JAKOWLEW, T. S. WELITSCHKINA), УФН **63**, 411 (1957).
[29a] В. Л. Гинзбург (W. L. GINSBURG), УФН **77**, 621 (1962).
[29b] А. П. Леванюк, А. А. Собянин (A. P. LEWANJUK, A. A. SOBJANIN), ЖЭТФ **53**, 1024 (1967).
[30a] S. M. SHAPIRO, H. Z. CUMMINS, Phys. Rev. Lett. **21**, 1578 (1968).
[30b] I. J. FRITZ, H. Z. CUMMINS, Phys. Rev. Lett. **28**, 96 (1972).
[31] W. L. GINSBURG, A. P. LEWANJUK, Phys. Lett. **47 A**, 345 (1974).
[32a] И. Л. Фабелинский (I. L. FABELINSKI), Молекулярное рассеяние света, «Наука», 1965.
[32b] В. С. Горелик, М. М. Сущинский (W. S. GORELIK, M. M. SUSTSCHINSKI), УФН **98**, 237 (1969).
[32c] Proc. Intern. Conf. on Light Scattering Spectra in Solids, Springer, 1969.
[32d] Proc. 2-nd Intern. Conf. on Light Scattering in Solids, Flamarion Sci., 1971.
[32e] В. Л. Гинзбург (W. L. GINSBURG), УФН **106**, 151 (1972).
[33a] D. D. OSHEROFF a. o. Phys. Rev. Lett. **28**, 885 (1972); **29**, 920 (1972).

[33b] A. J. Leggett, Phys. Rev. Lett. **29**, 1127 (1972).
[33c] В. Л. Введенский (W. L. Wwedenski), Письма ЖЭТФ **16**, 358 (1972).
[33d] J. Wheatley, Phys. Today **29**, Nr. 2, 32 1976).
[33e] W. F. Brinkman a. o., Phys. Rev. Lett. **33**, 624 (1974).
[34] В. Л. Гинзбург, А. А. Собянин (W. L. Ginsburg, A. A. Sobjanin), Письма ЖЭТФ **15**, 343 (1972).
[35a] Б. Б. Кадомцев, В. С. Кудрявцев (B. B. Kadomzew, W. S. Kudrjawzew), Письма ЖЭТФ **13**, 15, 61 (1971).
[35b] M. Ruderman, Phys. Rev. Lett. **27**, 1306 (1971).
[35c] J. Kaplan, M. Glasser, Phys. Rev. Lett. **28**, 1077 (1972).
[36] В. Л. Гинзбург, В. В. Усов (W. L. Ginsburg, W. W. Usow), Письма ЖЭТФ **15**, 280 (1972).
[37] A. Einstein, Phys. Z. **18**, 121 (1917).
[38] R. H. Pontell, G. Soncini, H. E. Pathoff, IEEE J. Quant. Electr. **4**, 905 (1968).
[39a] В. И. Гольданский, Ю. М. Каган (W. I. Goldanski, Ju. M. Kagan), ЖЭТФ **64**, 90 (1973); УФН **110**, 445 (1973).
[39b] В. С. Летохов (W. S. Letochow), ЖЭТФ, **64**, 1555 (1973).
[39c] Ю. А. Ильинский, Р. В. Хохлов (Ju. A. Iljinski, R. W. Chochlow), УФН **110**, 449 (1973).
[40a] M. A. Uman, Lightning, McGraw-Hill Book Comp. New York 1969.
[40b] S. Singer, The Nature of Ball Lightning, New York, Plenum Press 1971; Природа шаровой молнин, «Мир», 1973.
[40c] E. R. Wooding, Nature **239**, 394 (1972); J. F. Crawford, Nature **239**, 395 (1972).
[40d] И. П. Стаханов (I. P. Stachanow), Письма ЖЭТФ **18**, 193 (1973); ЖТФ **46**, 82 (1976).
[41a] И. Г. Чистяков (I. G. Tschistjakow), Жидкие кристаллы, «Наука», 1966; УФН **89**, 563 (1966).
[41b] Природа № 2, 67, 76 (1972).
[41c] F. Jähnig, H. Schmidt, Ann. of Phys. **71**, 129 (1972).
[41d] С. Я. Френкель (S. Ja. Frenkel), im Sammelband «Физика сегодня и завтра», «Наука», 1973, S. 176.
[42] C. B. Duke, R. L. Park, Phys. Today **25**, Nr. 8, 23 (1972); УФН **111**, 139 (1973).
[43] Г. Н. Флеров, В. А. Друин, А. А. Плеве (G. N. Fljorow, W. A. Druin, A. A. Plewe), УФН **100**, 45 (1970); Г. Н. Флеров (G. N. Fljorow), Природа № 9, 56 (1972).

[44a] G. T. Seaborg, I. L. Bloom, Sci. Amer. **220**, Nr. 4, 56 (1969); УФН **101**, 755 (1970).

[44b] A. Ghiorso a. o. Phys. Rev. Lett. **22**, 1317 (1969); **24**, 1498 (1970).

[44c] P. B. Price, R. L. Fleischer, T. Woods, Phys. Rev. **61**, 1819 (1970).

[44d] E. Anders, J. W. Larimer, Science **175**, 981 (1972).

[44e] J. R. Nix, Phys. Today **25**, Nr. 4, 30 (1972); УФН **110**, 405 (1973).

[44f] Г. Б. Жданов (G. B. Shdanow), УФН **111**, 109 (1973).

[45a] С. М. Поликапов (S. M. Polikapow), УФН **107**, 685 (1972).

[45b] D. A. Bromly, Phys. Today **21**, Nr. 5, 29 (1968); УФН **97**, 142 (1969).

[46] E. W. Müller, Science **149**, 591 (1965); УФН **92**, 293 (1967).

[47] Phys. Today **23**, Nr. 8, 41 (1970).

[48] A. Einstein, in „Mein Weltbild", herausgegeben von W. Seelig, Frankfurt/Main und Westberlin 1972, 134 bis 138.

[49] V. Weisskopf, Sci. Amer. **218**, Nr. 5, 15 (1968); УФН **96**, 673 (1968); Phys. Today **8**, 17, (1970); УФН **104**, 131 (1971).

[50] A. Pais, Phys. Today **21**, Nr. 5, 24 (1968); УФН **97**, 131 (1969).

[51] L. W. Alvarez, Nobel lecture 11. 12. 1968 Preprint Stockholm 1969; УФН **100**, 93 (1970).

[52a] Проблема нарушения CP-инвариантности, УФН **95**, 401 (1968).

[52b] T. P. Swetman, Amer. J. Phys. **39**, 1320 (1971).

[52c] R. G. Sachs, Science **176**, 587 (1972).

[52d] B. C. Barish, Sci. Amer. **229**, Nr. 2, 30 (1973).

[53] Е. Л. Фейнберг (E. L. Feinberg), УФН **104**, 539 (1971).

[54a] H. W. Kendall, W. K. H. Panofsky, Sci. Amer. **224**, Nr. 6, 60 (1971); УФН **106**, 315 (1972).

[54b] S. Drell, Comm. Nucl. Part. Phys. **4**, 147 (1970); УФН **106**, 331 (1972).

[54c] A. M. Litke, R. Wilson, Sci. Amer. **229**, Nr. 4, 104 (1973).

[54d] R. P. Feynman, Science **183**, 601 (1974).

[54e] S. L. Glashow, Sci. Amer. **233**, Nr. 4, 38 (1975); УФН **119**, 715 (1976); D. B. Clain, A. K. Mann, C. Rubbia, Sci. Amer. **231**, Nr. 6, 108 (1974); **234**, Nr. 1, 44 (1976); УФН **120**, 97, 113 (1976).

[55] S. Brodski, S. Drell, The present status of Quantum

Electrodynamics, Annual review of Nuclear Science; Palo Alto, Californ. 1970; УФН **107**, 57 (1972).
[56] Э. В. Бугаев, Ю. Д. Котов, И. Л. Розенталь (E. W. BUGAJEW, JU. D. KOTOW, I. L. ROSENTAL), Космические мюоны и нейтрино, Атомиздат, 1970.
[57a] Б. Л. Иоффе (B. L. JOFFE), УФН **110**, 357 (1973).
[57b] T. D. LEE, Phys. Today **25**, Nr. 4, 23 (1972).
[57c] S. WEINBERG, Sci. Amer. **231**, Nr. 1, 50 (1974), Rev. Mod. Phys. **46**, 255 (1975).
[57d] R. P. FEYNMAN, Science **183**, 601 (1974).
[58] A. RITTENBERG a. o., Rev. Mod. Phys. **43**, S 1 (1971).
[59] В. Л. Гинзбург и В. И. Манько (W. L. GINSBURG, W. I. MANKO), Физика элементарных частиц и атомного ядра **7**, № 1, 3 (1976).
[60] W. HEISENBERG, Einführung in die einheitliche Feldtheorie der Elementarteilchen; Stuttgart, Hirzel-Verlag 1967. (Введение в единую полевую теорию элементарных частиц, «Мир», 1968.)
[61] М. А. Марков (M. A. MARKOW), Вопросы философии № 4, 66 (1970); im Sammelband «Будущее науки», Bd. 6 «Знание», 1973, S. 68.
[62a] M. A. MARKOW, Ann. of Phys. **59**, 109 (1970).
[62b] М. А. Марков (M. A. MARKOW), УФН **111**, 3 (1973).
[63] B. RIEMANN, Über die Hypothesen, welche der Geometrie zugrunde liegen; Berlin, J. Springer 1923; О гипотезах, лежащих в основе геометрии, Сочинения, Гостехиздат, 1948, S. 279.
[64] A. EINSTEIN, Geometrie und Erfahrung, Sitzungsber. preuss. Akad. Wiss. 123 (1921); Собрание научных трудов, Bd. 2, «Наука», 1966, S. 88.
[65a] H. SNYDER, Phys. Rev. **71**, 38 (1947).
[65b] И. Е. Тамм (I. E. TAMM), Вестник АН СССР, № 9, 22 (1968).
[65c] «Проблемы теоретической физики». Сборник памяти И. Е. Тамма, «Наука», 1972.
[66a] Д. И. Блохинцев (D. I. BLOCHINZEW), Пространство и время в микромире. «Наука», 1970; УФН **110**, 481 (1973).
[66b] Д. А. Киржниц (D. A. KIRSCHNIZ), Природа № 1, 38 (1973).
[67] Е. Л. Фейнберг (E. L. FEINBERG), УФН **86**, 733 (1965); siehe auch U. AMALDI, Sci. Amer. **229**, Nr. 5, 36 (1973).

[68] В. Л. Гинзбург (W. L. GINSBURG), Эйнштейновский сборник, «Наука», 1967, S. 80.
[69] А. И. Никишов, В. И. Ритус (A. I. NIKISCHOW, W. I. RITUS), УФН **100**, 724 (1970).
[70a] Я. Б. Зельдович, В. С. Попов (JA. B. SELDOWITSCH, W. S. POPOW), УФН **105**, 403 (1971).
[70b] Я. Б. Зельдович (JA. B. SELDOWITSCH), im Sammelband «Будущее науки», Bd. 5, «Знание», 1972, S. 43.
[71] В. Л. Гинзбург (W. L. GINSBURG), УФН **80**, 207 (1963).
[72a] В. Б. Брагинский, В. Н. Руденко (W. B. BRAGINSKI, W. N. RUDENKO), УФН **100**, 395 (1970); **106**, 566 (1972).
[72b] R. H. DICKE, Science **184**, 419 (1974); siehe auch Phys. Today **27**, Nr. 9, 17 (1974).
[72c] I. I. SHAPIRO, Sci. Amer. **219**, Nr. 1, 28 (1968), УФН **99**, 319 (1969).
[72d] K. S. THORNE, C. M. WILL, Comm. Astrophys. a. Space Phys. **2**, 35 (1970).
[72e] C. M. WILL, Proc. Intern. School of Physics, „Enrico Fermi", 1972; siehe auch Astrophys. J. **176**, 769 (1972); Science **178**, 1157 (1972).
[72f] K. THORNE (К. Торн), im Sammelband «Будущее науки», Bd. 5, «Знание», 1972, S. 55.
[73] В. Б. Брагинский, В. И. Панов (W. B. BRAGINSKI, W. I. PANOW), ЖЭТФ **61**, 873 (1971).
[74] Л. Д. Ландау, Е. М. Лифшиц (L. D. LANDAU, E. M. LIFSCHITZ), Теория поля, «Наука», 1967. Dt. Übersetzung: Lehrbuch der Theoretischen Physik II, Klassische Feldtheorie, 7. Aufl. Akademie-Verlag, Berlin 1977.
[75] W. H. PRESS, K. S. THORNE, Ann. Rev. Astron. a. Astrophys. **10**, 335 (1972); УФН **110**, 569 (1973).
[76] A. EINSTEIN, Sitzungsber. preuss. Akad. Wiss. 154 (1918); Собрание научных трудов, Bd. 1, «Наука» 1965, S. 631.
[77a] J. WEBER, Phys. Rev. Lett. **22**, 1320 (1969); **25**, 180 (1970).
[77b] J. WEBER, Nature **240**, 28 (1972).
[78a] В. Б. Брагинский, А. Б. Манукин, В. И. Попов, В. Н. Руденко, А. А. Хорев (W. B. BRAGINSKI, A. B. MANUKIN, W. I. POPOW, W. N. RUDENKO, A. A. CHORJEW), Письма ЖЭТФ, **16**, 157 (1972).
[78b] G. A. BAIRD, M. A. POMERANTZ, Phys. Rev. Lett. **28**, 1337 (1972).
[78c] Х. С. Багдасаров, В. Б. Брагинский, В. П. Митрофанов (CH. S. BAGDASAROW, W. B. BRAGINSKI, W. P.

Mitrofanow), Preprint Ин-та теор. физ. УССР, Киев, 1973.

[79] В. Л. Гинзбург (W. L. Ginsburg), Современная астрофизика, «Наука», 1970; Земля и Вселенная № 5,5 (1976).

[80a] A. A. Friedman, Z. Phys. **21**, 326 (1924); УФН **80**, 439, 447 (1963).

[80b] Я. Б. Зельдович, И. Д. Новиков (Ja. B. Seldowitsch, I. D. Nowikow), Релятивистская астрофизика, «Наука», 1967.

[80c] Я.Б.Зельдович (Ja. B. Seldowitsch), УФН **95**, 209 (1968).

[80d] P. J. E. Peebles, Amer. J. Phys. **37**, 410 (1969).

[80e] В. А. Белинский, Е. М. Лифшиц, И. М. Халатников (W. A. Belinski, E. M. Lifschitz, I. M. Chalatnikow), УФН **102**, 463 (1970); ЖЭТФ **60**, 1969 (1971); **62**, 1606 (1972).

[80f] Д. Шама, Современная космология, „Мир", 1973.

[80g] F. Hoyle, Quarterly J. Roy. Astron. Soc. **14**, 278 (1973).

[81] M. S. Longair, Rep. Progr. Phys. **34**, 1125 (1971).

[82a] J. A. Wheeler, Einsteins Vision. Berlin/Heidelberg, Springer 1968; Предвидение Эйнштейна, «Мир», 1970.

[82b] В. Л. Гинзбург, Д. А. Киржниц, А. А. Любушин (W. L. Ginsburg, D. A. Kirschniz, A. A. Ljubuschin), ЖЭТФ **60**, 451 (1971); siehe auch im Sammelband «Гравитация», «Наукова думка», 1972, S. 40.

[82c] L. Parker, Phys. Rev. Lett. **28**, 705 (1972); Phys. Rev. **D 7**, 2357 (1973).

[82d] Я. Б. Зельдович, А. А. Старобинский (Ja. B. Seldowitsch, A. A. Starobinski), ЖЭТФ **61**, 2161 (1971).

[82e] E. H. Harrison, Comm. Astrophys. a. Space Phys. **4**, 187 (1972).

[83] A. Einstein, Sitzungsber. preuss. Akad. Wiss. 142 (1917); Собрание научных трудов, Bd. 1, «Наука», 1965, S. 601.

[84] J. H. Jeans, Astronomy and Cosmogony, Cambridge Univ. Press, 1928, S. 352.

[85a] W. A. Ambarzumjan, The Structure and Evolution of Galaxies (Proc. 13-th Solvay Conf. on Physics), Intersci. Publ., 1965, S. 1.

[85b] В. А. Амбарцумян (W. A. Ambarzumjan), УФН **96**, 3 (1968).

[85c] В. А. Амбарцумян, В. В. Казютинский (W. A. Ambarzumjan, W. W. Kasjutinski), Природа № **4**, 16 (1970). Siehe auch Вопросы философии № **3**, 91 (1973).

[85d] J. N. Bahcall, P. C. Joss, Comm. Astrophys. a. Space Phys. **4**, 95 (1972).

[85e] D. M. Eardley, Phys. Rev. Letters, **33**, 442 (1974).

[85f] В.П. Фролов (W. P. Frolow), УФН **118**, **473** (1976).

[86a] G. R. Burbidge, Ann. Rev. Astron. a. Astrophys. **8**, 369 (1970).

[86b] G. Burbidge, M. Burbidge, Quasi-stellar objects; San Francisco and London, W. H. Freeman and Company 1967.

[86c] M. Schmidt, Ann. Rev. Astron. a. Astrophys. **7**, 527 (1969).

[86d] L. M. Osernoi, Proc. First Europ. Astron. Conf., Springer, 1973; Труды 3-й грав. конф., Ереван, 1973.

[87a] H. J. Rood, T. L. Page, E. C. Kintner, I. R. King, Astrophys. J. **175**, 627 (1972).

[87b] P. Chamaraux, T. Montmerle, M. Tadokoro, Astrophys. a. Space Sci. **15**, 383 (1972).

[87c] D. S. De Young, Astrophys. J. (Letters) **173**, L 7 (1972).

[87d] W. H. Press, J. E. Gunn, Astrophys. J. **185**, 397 (1973).

[87e] R. Gowsik, J. McClelland, Astrophys. J. **180**, 7 (1973).

[87f] J. Einasto a. o., Nature **250**, 309 (1974); J. Tarter and J. Silk, Quart. J. Roy. astr. Soc. **15**, 122 (1974).

[88] В. Л. Гинзбург (W. L. Ginsburg), Вопросы философии № **11**, **14** (1972); Quart. J. Roy. astr. Soc. **16**, 265 (1975).

[89a] J. H. Oort, Science **170** (No 3965) 1363 (1970); УФН **106**, 673 (1972).

[89b] Л. М. Озерной, Г. В. Чибисов (L. M. Osernoi, G. W. Tschibissow), Астрон. ж. **47**, 769 (1970); siehe auch Астрон. ж. **48**, 1160 (1971).

[89c] B. T. J. Jones, P. J. E. Peebles, Comm. Astrophys- a. Space Phys. **4**, 121 (1972).

[90] W. Baade, F. Zwicky, Proc. Nat. Acad. Sci. Amer. **20**, 259 (1934).

[91a] Л. Д. Ландау (L. D. Landau), ДАН СССР **17**, 301 (1937).

[91b] A. G. W. Cameron, Ann. Rev. Astron. a. Astrophys. **8**, 179 (1970).

[91c] Я. Б. Зельдович, И. Д. Новиков (Ja. B. Seldowitsch, I. D. Nowikow), Теория тяготення и эволюция звезд, «Наука», 1971.

[91d] Y. C. Leung, C. G. Wang, Nature Phys. Sci. **240**, 132 (1972).

[92a] A. Hewish, Sci. Amer. **219**, Nr. 4, 25 (1968); УФН **97**, 715 (1969).

[92b] В. Л. Гинзбург (W. L. Ginsburg), УФН **103**, 393 (1971); siehe auch Ann. Rev. Astron. a. Astrophys. **13**, 511 (1975).

[92c] D. Ter Haar, Physics Reports 3C, 59 (1972); siehe auch УФН **119**, 525 (1976).
[92d] F. G. Smith, Rep. Progr. Phys. **35**, 399 (1972).
[92e] M. Ruderman, Ann. Rev. Astron. a. Astrophys. **10**, 427 (1972).
[92f] Пульсары, „Мир", 1971.
[93a] Д. А. Киржниц (D. A. Kirshniz), УФН **104**, 489 (1971).
[93b] Siehe Zitat [18].
[93c] T. Tati, Progr. Theor. Phys. **47**, 2107 (1972).
[93d] A. Mann, R. M. Weiner, Nuovo Cimento **10 A**, 625 (1972).
[94a] R. Giacconi a. o., Astrophys. J. (Letters) **167**, L 67 (1971).
[94b] H. Tananbaum a. o., Astrophys. J. (Letters) **174**, L 143 (1972).
[94c] Б. Комберг (B. Komberg), Природа № 8, 39 (1973).
[95a] E. Penrose, Nature **236**, 377 (1972); УФН **109**, 355 (1973).
[95b] J. M. Bardeen, W. H. Press, S. A. Teukolsky, Astrophys. J. **178**, 347 (1972); siehe auch Astrophys. J. **185**, 635, 649, 675 (1973).
[95c] J. R. Oppenheimer, H. Snyder, Phys. Rev. **56**, 5455 (1939).
[96] В. Л. Гинзбург (W. L. Ginsburg), УФН **59**, 11 (1956).
[97] Д. Я. Мартынов (D. Ja. Martynow), УФН **108**, 701 (1972); E. van den Heuvel, J. Ostriker, Nature Phys. Sci. **245**, 99 (1973).
[98a] M. Oda a. o., Astrophys. J. (Letters) **166**, L 1 (1971).
[98b] C. T. Bolton, Nature Phys. Sci. **240**, 124 (1972).
[98c] В. Ф. Шварцман (W. F. Schwarzman), Астроном. ж., **48**, 479 (1971).
[98d] В. М. Лютый, Р. А. Сюняев, А. М. Черпащук (W. M. Ljutyi, P. A. Sjunjajew, A. M. Tscherpastschuk), Астрон. Ж. **50**, 3 (1973).
[99a] D. Lynden-Bell, Nature **223**, 690 (1969).
[99b] D. Lynden-Bell, M. J. Rees, Mon. Not. **152**, 461 (1971).
[99c] A. Norman, D. ter Haar, Astron. a. Astrophys. **24**, 121 (1973).
[100a] В. Л. Гинзбург, С. И. Сыроватский (W. L. Ginsburg, S. I. Syrowatski), Происхождение космических лучей, Изд-во АН СССР, 1963; УФН **84**, 201 (1964); **88**, 485 (1966); Proc. 12-th Intern. Conf. on Cosmic Rays, 1972.
[100b] W. L. Ginsburg, Comm. Astrophys. a. Space Phys. **1**, 207 (1969); **2**, 1, 43 (1970).
[100c] K. Brecher, G. R. Burbidge, Astrophys. J. **174**, 253 (1972).

[101] Т. Чикс, Астрофизика высоких энергий, „Мир“, 1972.

[102] S. HAYAKAWA, Cosmic Ray Phys., Intern. Sci. Publ., 1969.

[103] В. Л. Гинзбург (W. L. GINSBURG), УФН **108**, 273 (1972).

[104a] С. А. Каплан, В. Н. Цытович (S. A. KAPLAN, W. N. ZYTOWITSCH), Плазменная астрофизика, «Наука», 1972.

[104b] W. L. GINSBURG, W. S. PTUSKIN, W. N. ZYTOWITSCH, Astrophys. a. Space Sci. **21**, 13 (1973).

[105] Л. И. Дорман (L. I. DORMAN), Ускорительные процессы в космосе, im Sammelband «Итоги науки», Астрономия, т. 7, ВИНИТИ, 1972.

[106a] Л. И. Дорман, Л. И. Мирошниченко (L. I. DORMAN, L. I. MIROSCHNITSCHENKO), Солнечные космические лучи, «Наука», 1968.

[106b] S. M. SCHINDLER, P. D. KEARNEY, Nature **637**, 503 (1972).

[107a] S. I. SYROWATSKI, Comm. Astrophys. a. Space Phys. **3**, 155 (1971).

[107b] Д. А. Киржниц, В. А. Чечин (D. A. KIRSHNIZ, W. A. TSCHETSCHIN), Ядерная физика **15**, 1051 (1972).

[107c] H. SATO, T. TATI, Progr. Theor. Phys. **47**, 1788 (1972).

[108a] P. GIACCONI, H. GURSKY, F. PAOLINI, B. ROSSI, Phys. Rev. Lett. **9**, 439 (1962).

[108b] G. BURBIDGE, Comm. Astrophys. a. Space Phys. **4**, 105 (1972).

[108c] М. С. Лонгайр, Р. А. Сюняев (M. S. LONGAIR, R. A. SJUNJAJEW), УФН **105**, 41 (1971).

[108d] Non-solar X- and Gamma-ray Astronomy (IAU Symposium 37), ed. L. GRATON, Dordrecht, Reidel. Publ. Comp., 1970.

[108e] H. W. SCHNOPPER, J. P. DELVAILLE, Sci. Amer. **227**, Nr. 1, 26 (1972); УФН **110**, 607 (1973).

[108f] H. GURSKY, E. VAN DEN HEUVEL, sci. Amer. **232**, Nr. 3, 24 (1975); УФН **118**, 673 (1976).

[109a] P. MORRISON, Nuovo Cimento **7**, 858 (1958).

[109b] В. Л. Гинзбург, С. И. Сыроватский (W. L. GINSBURG, S. I. SYROWATSKI), УФН **84**, 201 (1964).

[109c] G. G. FAZIO, Ann. Rev. Astron. a. Astrophys. **5**, 481 (1968); УФН **102**, 621 (1970).

[109d] А. М. Гальпер, В. Г. Кириллов-Угрюмов, Б. И. Лучков, О. Ф. Прилуцкий (A. M. GALPER, W. G.

KIRILLOW-UGRJUMOW, B. I. LUTSCHKOW, O. F. PRILUZKI), УФН **105**, 209 (1971); siehe auch УФН **112**, 491 (1974); Astrophys. J. **191**, 323 (1974).
[110a] J. N. BAHCALL, Sci. Amer. **221**, Nr. 1, 29 (1969); УФН **101**, 739 (1970).
[110b] «Нейтрино», Sammelband, «Наука», 1970.
[110c] A. W. WOLFENDALE, Cosmic Ray Neutrinos, Lecture to the British Association, Sept. 1970, S. 21; УФН **103**, 739 (1971).
[110d] J. N. BAHCALL, R. L. SEARS, Ann. Rev. Astron. a. Astrophys. **10**, 25 (1972).
[111a] Б. М. Понтекорво (B. M. PONTEKORWO), Preprint ОИЯИ E2-6601, Дубна, 1972.
[111b] W. A. FOWLER, Nature **238**, 24 (1972).
[111c] F. W. W. DILKE, D. O. GOUGH, Nature **240**, 262 (1972).
[111d] K. TENNAKONE, Lettere Nuovo Cimento **7**, 358 (1973).
[111e] J. N. BAHCALL and R. DAVIS, Science **191**, 264 (1976).
[112a] Communic. with Extraterr. Intelligence, ed. C. SAGAN, MIT Press, 1973.
[112b] F. J. DYSON, Mercury **1**, Nr. 6, 9 (1972).
[113a] Я. М. Крамаровский, В. П. Чечев (JA. M. KRAMAROWSKI, W. P. TSCHETSCHEW), УФН **102**, 141 (1970).
[113b] F. DYSON, Sci. Amer. **225**, Nr. 9, 51 (1971).
[113c] P. C. W. DAVIES, J. Phys. A. Gen. Phys. **5**, 1296 (1972).
[113d] M. NOVELLO, P. ROTELLI, J. Phys. A. Gen. Phys. **5**, 1488 (1972).
[114] D. A. BROMLEY, Physics Today **25**, Nr. 7, 23 (1972).
[115] Astronomy and Astrophysics for the 1970's. Report of the Astronomy Survey Committee, Nat. Acad. Sci., Washington, 1972; siehe auch Sky and Telescope **44**, Nr. 6, 391 (1972).
[116] PH. MORSE, Physics Today **26**, Nr. 4, 23 (1973).
[117] R. G. SACHS, Science **176**, 587 (1972).
[118a] R. W. KLEBESADEL, I. B. STRONG, R. A. OLSEN, Astrophys. J. (Letters) **182**, L 85 (1973).
[118b] T. L. CLINE a. o., Astrophys. J. (Letters) **185**, L 1 (1973).

[118c] W. A. Wheaton a. o., Astrophys. J. (Letters) **185**, L 57 (1973).
[118d] W. L. Ginsburg, Nature **246**, 415 (1973).
[118e] О. Ф. Прилуцкий, И. Л. Розенталь и В. В. Усов (O. F. Priluzki, I. L. Rosental, W. W. Usow) УФН **116**, 517 (1975).
[119a] P. A. M. Dirac, Proc. Roy. Soc. **A 165**, 199 (1938); **A 333**, 419 (1973).
[119b] R. Dicke, im Sammelband „Гравитация и относительность", „Мир", 1965, S. 251.
[119c] В. Б. Брагинский, В. Л. Гинзбург (W. B. Braginski, W. L. Ginsburg), ДАН СССР, **216**, 300 (1974).

B. G. KUZNECOV

Einstein

Leben — Tod — Unsterblichkeit

Übersetzung aus dem Russischen
Herausgegeben von H. Fuchs,
mit einem Geleitwort von H.-J. Treder

1977. 459 Seiten — 29 Abbildungen — gr. 8°
Leinen 30,— M
Bestell-Nr. 761 502 9 (5889)

Diese Biographie gibt nicht nur eine ausführliche Lebensbeschreibung des großen Wissenschaftlers. Der Autor versucht, Einsteins Ideen ohne Benutzung mathematischer Formeln verständlich zu machen. Er zeigt den großen Einfluß dieser Ideen auf die Entwicklung der Wissenschaft, er sucht ihre historischen Quellen und zieht Parallelen zu anderen großen Denkern.

Bestellungen durch eine Buchhandlung erbeten

THEORIA CUM PRAXI

AKADEMIE-VERLAG · BERLIN

Der Autor

- **behandelt leichtverständlich moderne Probleme der Makro-, Mikro- und Astrophysik**
- **wendet sich an alle, die sich für fundamentale Fragen der Physik interessieren**
- **diskutiert Möglichkeiten zur Lösung von grundlegenden physikalischen Fragestellungen**
- **fordert zum wissenschaftlichen Meinungsstreit auf**

WISSENSCHAFTLICHE TASCHENBÜCHER

Bei Fragen zur Produktsicherheit wenden Sie sich bitte an:
If you have any questions regarding product safety,
please contact:

Walter de Gruyter GmbH
Genthiner Straße 13
10785 Berlin
productsafety@degruyterbrill.com